致同一片星空下的我们

星月下的守望者

THE CATCHER UNDER THE
STARS & MOON

——

雪夜公爵 著

湖南科学技术出版社

Foreword

前言

我们从很原始的时候就懂得，天上的星星，远于任何千山万水，遥不可及，但人类对星空的梦想却永未停歇。无论高山白顶、草莽雪原，还是黄沙大漠、碧海银滩，只要星光可及之处，就有人在仰望星空。星空的力量在于，无论是谁，以何种心境，只要置身其中，就能让他忘掉一切忧愁烦恼与风险利益，而为之神往。

我们为天上的每一个美景而着魔：一轮红日，一弯新月，一片彩云；也为下一秒的每一个奇迹而期待：一道闪电，一束极光，一颗流星。古往今来，天空中的已知与未知，确定与偶然，造就了不计其数的科学和神话，成为人类文明不可分割的一部分。

而对于某些人来说，这也是他们生活中的一部分。每年都有不计其数的人在从事着与"天"相关的工作和活动，无论是航空航天工程师、天文地质科研科教科普人员，还是科幻科普作家、编剧，以及大量从事天文观测、摄影、占星学等专家或爱好者们，每个人对星空的理解都不一样，每个人对它追逐的方式也各有不同。但是几乎所有人都从未离开过大气层，我们是一群局步于地球的微小碳基生命，我们对星空的追逐，受限于很多日益减少的资源。

我是一个普通的业余星空摄影爱好者，20世纪70年代末出生在东北，现在生活在北京，在灯火辉煌的大都市从事着天文文创工作。在我们这一代人眼里，祖国的发展是显而易见的。无论鳞次栉比的高楼大厦还是顺捷便利的交通，这些都是我儿时所没有的，更不用提手机互联网这些高科技，那时候根本无法想象。但儿时也有一些事让我印象深刻，比如上学路上的一座小桥，以前我经常驻足在那里，抬头就能看见银河。再回去的时候，只有对面刺眼的路灯，却一颗星也寻不到。要想捡起儿时的记忆，只有躲开灯光来到乡下的亲戚朋友家。这只是位于东北边境的一个小城，而在北京，银河意味着需要一个小时以上的车程，去几十甚至上百公里之外的郊区。广州则更远，听朋友说，需要开几个小时车才能来到看见银河的地方。我们头顶的星空正在减少，我们的双眼正在被蒙蔽，全国大部分省市都不同程度淹没在光污染之中。

城市灯光是现代文明的产物，对大多数人来说它们不是污染，而是更好的生活体验。但聚乙烯刚发明的时候也是如此，人们因为享受了便利而不加节制地滥用，直到多年后才意识到它们的危害。灯光虽然不会造成塑料袋这样的环境问题，但任何灯光都依靠能源，即使是可再生、无污染的太阳能和风能，在不必要的时间和地点朝着不需要的方向照明，也是一种浪费；很多动物都是依靠星光来导航，任何尝试从大气层外照明的设想也都是欠考虑的。

我认为最重要也是影响最深远的，是光污染隔绝了星空对人们心理上的作用。古人仰望星空，寄情感于日月星辰，定义了星宿、星座等神话，本质上是用星光来引导人生。现在虽然这些理论已不再被相信，占星也变成一种安慰，可只要走出城市，置身于草原或是戈壁，那洒满天际的银河依旧能让我们释怀和解忧。即便是在城市，每每深夜走在故宫的高墙下，看着残月从角楼边升起，那场景也让人倍感舒适，有一点像是回到了儿时的小桥边，用星空的力量去抚慰心灵。所以我举起相机，只要有星空的地方，都会用照片去记录，以此来拉近我们和星空的距离，去治愈人们的心灵。

CONTENTS

PART I

日·月
The Sun And Moon

PART II

星辰
The Stars

《《《《 京郊 》》》》

《《《《 草原 》》》》

《《《《 西行 》》》》

《《《《 国外 》》》》

PART

星月下的思考
Deep Thought Under The Starts And Moon

PART I

日·月
The Sun And Moon

Of The Forbidden City Vnder The Moon Shadow

Turret

角楼月影

九月底的一天凌晨，三点多钟，我来到故宫外的筒子河边，靠在齐腰的岸墙上看着对岸。柳枝左右轻摆，角楼的倒影在水面晃动，微凉的晚风，北京城迎来了又一个秋天。这是一个历史悠久的古都，三千年的战火、硝烟以及文明的迭代掩盖了大部分久远的痕迹，保存下来的古建筑始建于明清年间。52 米宽的筒子河，12 米高的宫墙，将故宫这座世界上最大的古建筑群，围成一个规整的长方形。而在长方形的西北角，与我此时正对着的，就是**故宫城墙上的西北角楼。**

星月下的守望者

这座著名的**故宫角楼**，底座是绕着石栏的须弥座，中室为里外三间的方亭结构，顶部是由多个歇山顶组成的三层重檐。整个建筑有九梁十八柱七十二条脊，**铜鎏金的宝顶**，黄琉璃的瓦，墨线大点金的彩画，三交六椀菱花的门窗。即使是在夜里，我仍然能远远地感受到它的精美。

⓿ 西北角楼金星合月－宝顶

　　　　　　　　　　星月下的守望者

03 东北角楼月落

星月下的守望者

⑤ 东北角楼残月中国尊

⑥ 东南角楼地照

☾

　　同样的角楼还有三座，分别位于故宫城墙的其他三个角上。几百年来，故宫角楼在战火中幸存，如今早已卸下了守卫皇宫的重任，作为故宫建筑群的一部分，每天迎接着来自世界各地数以万计的游客。即使是在不开放的时段，因为其比较靠外的建筑位置，角楼附近的城垣也备受摄影爱好者的青睐。尤其是这座西北角楼，更是风光摄影师必去的打卡之地。每当云量稍多的日子里，这里总是挤满了等待拍摄朝霞的人。

　　　　　　　　　　　　星月下的守望者

07 西南角楼月落

☾

但现在这里只有我一个人，因为我感兴趣的并非朝霞，而是即将在角楼后面升起的月。

我钟爱月亮，喜欢用镜头去记录它的阴晴圆缺与古建筑的合影。故宫角楼作为古建筑的瑰宝，我自然是没少光顾。

月初时，月亮弯如金钩，此时的月相有一个美丽的名字，**蛾眉月**。蛾眉月紧随太阳的起落，一天中大部分时间都淹没在阳光里，只有日落后才有机会短暂现身。这是摄影师偏爱的蓝调时段，也是拍摄蛾眉月的最佳时机。

⑧ 细蛾眉月

星月下的守望者

每年秋分至春分之间，蛾眉月从西北方落下，如若站在神武门前的河边，用 200 毫米的镜头便可将西北角楼与蛾眉月收入画面；若是退到筒子河的东北角，也可以用长焦拍摄东北角楼，只是由于距离太近，恐怕只能去表现角楼的局部；等到春分后、秋分前，蛾眉月跑到了西南，那么在中山公园东门外的河边，可以等待它从西南角楼附近落下。但西南角楼周围的树有些高，若非特别合适的角度，画面是会显得相对杂乱一点的。

09 西北角楼上蛾眉

○

蛾眉月细如柳牙，因为它位于地球和太阳之间，朝向我们的大多是背向太阳的黑暗面。也正是因为这样的位置关系，地球会像镜子一样将阳光反射回去，把月亮的黑暗面照亮，这个现象就叫作**地球反照**。地球反照在天气好的时候用肉眼都能看得见，若是借助相机增加曝光，你也能把它清楚地拍摄下来。照片里的月亮宛若镶上了金边，又好像月牙在抱着它的暗面，所以人们乐于把这样的画面称为"**新月抱旧月**"。

"新月抱旧月"的现象除了月初有，在月末也有。月末的月亮形状和蛾眉月一样，只不过方向相反，习惯上把这个时候的月相叫作残月。残月是我最喜欢拍摄的月相，尤其是在月底、凌晨三点之后才月升的那几天。因为那个时候少了城市的噪声，给人一种贴近宇宙的幻觉。

❿ 使用 HDR 合成的上蛾眉月与地球反照

⑪ 东南角楼的残月伴金星

🌒

　　每年春分至秋分之间，残月都会出现在东偏北的方向。从东华门一路沿着筒子河走到午门的东雁翅楼，站在东雁翅楼外的河边远望东南角楼，可以等待**残月从角楼后面升起**。而在秋分之后，残月移到了南面，则适合在筒子河北岸拍摄北面的两个角楼。此时我要拍的就是残月，现在离预测的时间还有三十分钟，我在风光摄影师角逐的网红机位架好相机，装上了 300 毫米的长焦镜头，等着它从西北角楼后面升起。

🌓

　　三十分钟后，残月如约而至。只见月亮突然从宫墙后露出头来，在空中滑了一段距离后，升到角楼垂脊的高度，来到垂脊上雕刻着的骑凤仙人的眼前。待月光逐一掠过仙人身后的瑞兽，它又爬过另一条脊，钻进上层歇山顶的后面。我调整着镜头的方位，紧跟月亮的行踪。不多时，月又从琉璃瓦后探出头，先是露出反照面，再是耀眼的金钩，直到全部现出身来，最后穿过铜鎏金的宝顶腾空而起，消失在镜头里画面的上边缘。目光移开相机朝角楼望去，只见残月完全挂在天上，皎洁的月光已洒满楼顶，景色美丽至极。从角楼建成那一天起，这景色就每个月都在上演，几百年来不曾改变，不知有多少古人和我一样，被眼前这种天与地的绝妙组合所震撼。

　　　　　　　　　　　　　　　　　　　　星月下的守望者

⓬ 残月爬西北角楼

星月下的守望者

☽

我呆呆地站在原地，许久，才开始收拾设备。

月亮通过角楼的过程只有二十几分钟，时间虽短，却被角楼的不同位置分解成一张张美丽的画面。为了拍摄这些画面，我从一点半起床出门，到五点多走回家，前后经历了几个小时，这对于拍摄月亮来说是再正常不过的事情。

如今借助类似于二次曝光这样的科技手段可以突破构图的限制，有些人甚至把拍好的月亮素材剪贴在画面的任何地方，这样既不用费心计算月升的位置，也不必在深夜出门。但我和身边的一群朋友都不太赞成这样的做法。

我们推荐科学摄影，即用科学的方法计算月升月落的坐标，然后实地去拍摄。风光摄影大师乔文杰老师甚至开发了一款名叫**巧摄**的软件，不仅计算了任何时间地点的月升月落轨迹，而且只要输入建筑物的高度数值，就可以模拟相机取景框来构图，**极大方便了喜欢实拍月亮的人，也让更多人去体验它的乐趣**。

实拍月亮确实容易让人上瘾，我感觉这就像是和月亮约会一样，虽然约会地点经常变换，有时在高山上，有时在公路旁，有时在小河边，有时在角楼前。但每次都要经过精心准备，每次赴约时都是满怀期待，每次见面时也都一定是无比激动的。这样的约会才是浪漫和值得回忆的，不是么。

西北角楼**金星合月**的 15s 延时拍摄。

星月下的守望者

⓮ 巧摄软件的模拟截图

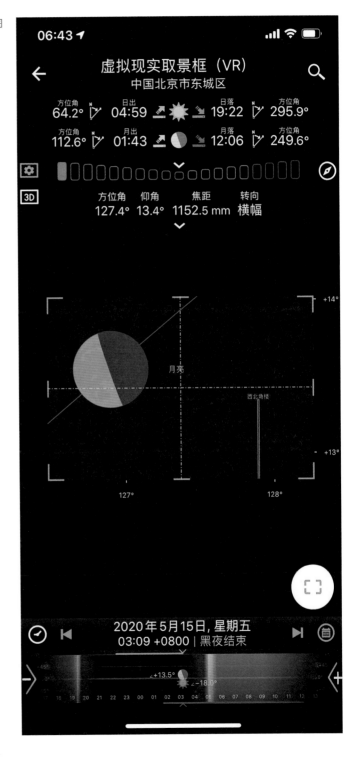

The Midsummer Moon Over

The Ancient Observatory

古台仲夏月

北京的夏天，地铁里闷热潮湿，列车一到建国门站，我便迫不及待地冲出了车厢，随着熙熙攘攘的人群涌向地面。天色已黑，地面上车水马龙，每一个方向都是堵的，打眼看去很难辨别东西南北。这里虽然叫建国门，但旧城门早已不复存在，取而代之的是三层立交桥，交叠着东长安街沿线和东二环，地上地下连通着朝阳门、东单、国贸以及北京站这些人流汇集的区域，可以说是北京重要的交通枢纽之一。很难想象，在这样繁华的地段里，藏着一个接近600年历史的古建筑，它就是我马上要去的地方——**北京古观象台**。

星月下的守望者

古观象台建于公元 1442 年，是世界上最古老的天文台之一，天文爱好者习惯称它为古台。古台位于建国门的西南角，紧邻东二环，作为明清两朝的皇家天文台，它气势雄伟，台高 14 米，比紫禁城的宫墙还要高出一成。台上陈列的八件铜制天文仪器，高度基本都在 3 米以上，是在二环路开车经过东便门时必看的一道风景。但随着北京的建设发展，古观象台周围高楼四起，它的入口也渐渐隐匿了，如果不留心寻找的话并不容易发现。其实古台离建国门地铁站只有不到一分钟的路程，穿过一条小路绕到地铁站的后面，它的高墙便会赫然出现在眼前。

　　　　　　　　　　　　　　　　星月下的守望者

☾

　　我来这里，是要与朋友们一起拍摄黄道经纬仪，就是古台上八件铜仪中的一个。黄道经纬仪制成于 1673 年，是中国第一台基于现代黄道坐标系来观测的仪器，目标是太阳和行星等天体的运动。现在黄道经纬仪早就不用来观测，它静静地摆放在古台的西南角，作为中国和西方文化与科技交流的成果，向世人展示着它精妙的设计。黄道经纬仪的主体是四个嵌套在一起却两两同轴的铜圈，两个轴一条指向地球南北极，另一条与黄道平行。铜圈下面是两条铜龙，龙身蜿蜒而立，背对着背将主体托起，其繁杂的细节与铜圈的简约并存，使得黄道经纬仪看起来既古典又很科技。这样的造型如果与月亮同框，一定是不错的搭配，每次我经过古台时都有这样的想法。

　　但是这个想法并不容易实现。由于黄道经纬仪靠在台面的西南边缘，台下只有西面的停车场才是最佳的观测地，而停车场对应的拍摄方向是东偏南 20 几度，在北京盛夏的季节里只有下凸月会从这个方向升起。虽然现在刚过满月，已经是下凸月了，但停车场面积不大，前后左右可移动的空间都比较局限，要想在这样的条件下精准捕捉黄道经纬仪月升，一定是非常难的。幸运的是现在有了"巧摄"App 来帮助我计算月升位置，通过给古台和黄道经纬仪建立简单的模型，我能清楚地预测什么时间月亮正好会从黄道经纬仪后面穿过。但古台内外有很多树，东南不远处又有高楼，至于月亮能否从树和楼的缝隙间与黄道经纬仪顺利会师，从 App 里却看不到。为了解答这个问题我中午就来过一次，在经过了实地勘测之后，我才约了经常一起拍星拍月的六七个小伙伴一起，晚上来记录这难得一见的景象。

⑰ 纪限仪月落

星月下的守望者

古观象台月落的延时视频。

大家对这次拍摄很感兴趣，因为尽管古台在天文圈里非常著名，可是因为附近的环境比较苛刻，所以古台与天象结合的照片并不多见。2017 年初冬的时候我曾经和经常活动于景山北海一带、有"泛景山地区拍月小王子"美誉的郑志老师一起在建国门桥上拍过一次月落，那天是个初三的蛾眉月，我们打算从东向西拍月亮和赤道经纬仪、纪限仪的合影。我和郑老师分别站在建国门三层立交桥的上两层，在 0.5 公里之外用至少 600 毫米焦距的长焦镜头，从路灯和树杈之间寻找缝隙。在当时的情况下，脚下每一寸都要精打细算，只要能拍到完整的仪器就算是胜利，至于如何计划月亮下落的轨迹则只能听天由命。最后月亮的轨迹还算是完美，但没想到临近天黑时路灯突然亮起，在镜头里产生了大片炫光，结果只能通过大量的后期与裁剪来解决。从停车场的角度拍摄虽然不会有路灯的问题，可是机位与古台距离太近，景深会比较浅，说白了只能从黄道经纬仪和月亮二者中选择一个来对焦，鱼和熊掌无法兼得。

月升的时间是在晚上 11 点 12 分，刚过 10 点，小伙伴们就相应到齐了，大家支起设备，开始讨论天气。如今正是火星冲日的时节，天气好的时候一入夜就能看见红得耀眼的火星，但目前火星的亮度一般，所以低空一定是有一层霾。记得就在几天前，同样是在古观象台，我和著名星空摄影师叶梓颐、天文爱好者马裀等人来到台面上拍摄月全食，虽然天气预报显示的是晴夜，但厚重的霾将天空封堵得严严实实，一整晚也没有漏出半点月光，最后拍摄以失败告终。所以能否看见月亮，完全取决于霾的情况，在这个水汽蒸腾的季节里，谁也说不好。

临到 11 点的时候我们开始紧张起来了，有的担心拍摄会失败，有的担心角度会有偏差。我耐不住性子，跑到二环边去望风，因为月亮从月出至升到黄道经纬仪的高度需要半个多小时，11 点的时候它应该已经位于地平线之上了。结果我走了几百米，在楼与楼之间找了好多缝隙也没能看见月亮的身影，只好掉头回去。等我快回到古台停车场时，远远望见好友李庚正在兴奋地指着，每个人也都在快速搬动各自的脚架，我知道月亮出来了。待我跑回自己的相机前，果然看见古台的下缘出现了一个暗红色的物体，那确实是月亮，而且这个颜色说明它刚刚突破重霾，怪不得刚才我苦苦找寻它而不见。大家搬动脚架是因为月亮出现的位置比预计的要偏南一些，这可能是当初在 App 里模拟时输入了不准确的数值造成的。还好偏得并不多，我把脚架向北移动了半米就找到了满意的位置。构好图后，我把焦点落在月面的环形山上，再使用最小的光圈以尽可能获得更大的景深，一切就绪后才启动快门拍摄延时。其他人此时也都开始拍了，我们彼此相隔很近，快门在一起劈劈啪啪地乱响，每个人也都兴奋不已，指着月亮尽情呼叫。

星月下的守望者

⑱ 黄道经纬仪的月

○

月亮变成了金黄色，正在预想的路线上越爬越高，越来越亮。在它周围是黄道经纬仪相互嵌套的四个铜圈，虽然镜头的焦点没有对准它们，但它们虚化的边缘与月光融在一处，呈现出柔和的暗红色。这与金色的月亮、绿色的树，以及青蓝色的古台墙砖一起，构成一幅美丽的画面。午夜时起了风，黄道经纬仪边的大树哗哗作响，攒动的树影里，我仿佛看见穿着长衫的天文学家正威严地站在铜仪边专注地观测星空，那一刻高楼大厦、车马立交全都消失不见，闪闪发亮的铜仪转动自如，崭新如几百年前刚刚铸成时一样。

黄道经纬仪月升的 15s 延时拍摄。

晚上 32 摄氏度，湿度 95%，雾气蒸腾，7 个人都湿透了。不过如果不是这样的天气月亮颜色不会这么美。

19 黄道经纬仪月升

成功的拍摄让我们每人都带着前所未有的作品满意
而归，古观象台也从此变成大家经常活动的地点。后来
我们又一起拍过火星大冲，拍过象限仪月落，也独自来
尝试过不同的主题。巨大的铜仪经过几个世纪的变迁，
虽然历经沧桑、无法运转，有的仪器上甚至还布满弹孔，
但古台作为中国在国际上久负盛名的天文成就，它一直
激励着我和身边的天文爱好者，指引我们像古人一样去
观测宇宙，探索未知。在我们心里它才是建国门一带最
有名的地标。

㉑ 赤道经纬仪火星

　　　　　　　　　　　　星月下的守望者

21 象限仪月落

The Spring Equinox Moon
Of Dingdu Peak

定都峰的
春分月

北京门头沟城区以西有一个叫中门寺的地方，那里有片广场，是几路"9"字头公交车的总站。广场南侧有条不起眼的小路，沿着它继续向西，可以来到半山腰一个叫赵家洼的村子。赵家洼村很小，出村后再走一段有铁丝网护栏的窄路，接着猛然折上一条一公里长的陡坡，走到尽头就到了京西观景第一峰，定都峰。

星月下的守望者

定都峰海拔 680 米，位于狮山山顶，正对着长安街西延长线，向东可以遥望北京城，向西是门头沟的群山。相传明初姚广孝再建新都的时候，曾经登上此峰勘测地形，定都峰的名字就是这么来的。空气通透的日子里，在定都峰上可以远远望见天边的一栋高挑建筑，那是高达 528 米的北京中信大厦，因其形似古代礼器中的"尊"而被称作"中国尊"。"中国尊"与定都峰相隔 40 公里，但这并不是目光所及的极限，有时站在山顶甚至连 100 公里外平谷的山区都隐约可见。定都峰上有一幢定都阁，中式的古典建筑，共有 6 层，高 34 米，是京西著名的景区。每天都有络绎不绝的游客从潭柘寺方向走大路驱车来此，登上定都阁远眺京城、观山日落，但是那条路只有白天才开放。而经过赵家洼的小路可以在夜里上山，

以及另外两条同样通向山顶的小路，都不为人所知。

2019 年 3 月的一天，天气异常晴朗，我与几个朋友从赵家洼来到定都峰，准备拍一次北京城的月升。那天是农历十五，月相是个满月，而且又恰逢春分节气，月亮出现的位置大致会在正东。如果用 600 毫米的镜头可以将东西三环之间的重要建筑与满月一并收入，这样的照片并非每年都能拍到。从中门寺到定都峰开车不过十几分钟，但我们早早就出发了，上到峰顶的时候太阳还很高，这样我们有足够的时间去寻找机位和架设相机。

23 定都峰上拍摄的平谷山中的月出

☾

　　定都峰上的小路为南北走向，路两旁又有缓坡，到处都是机位。我那几个朋友大多是第一次来这儿，下车一看这个环境，无一不称赞。放眼看北京城，我一眼就认出了挺拔的"中国尊"，它和周围小得可怜的国贸建筑群虽然远在四十公里之外，却形状清晰，不难辨认。空气清新通透，我们每个人都伸长了脖子在天边寻找熟悉的影子，而在前方一两百米山头上的定都阁却受尽冷落，无人问津。等我架起相机，用长焦镜头再看，那些大厦就像被从天边拉到了面前一样，每个窗户都看得真切。奇怪的是，楼宇之间显得特别近，就连与"中国尊"相距十几公里的中央电视塔，也好似与它只隔着几条街一般。这也许是因为在长焦镜头里，相距甚远的物体会失去彼此的距离感，产生了空间压缩的错觉。

　　　　　　　　　　　　　　　　星月下的守望者

☾

　　太阳在身后逐渐低垂，我面前出现了一个巨大的黑影，先后淹没了山上的小路和山下的房子，这是脚下的定都峰和狮山的影子，正慢慢朝着北京城的方向推进。这时奇妙的景象出现了，在城里夕阳尚能照射的区域里、靠近山影边缘的地方，闪现出一排耀眼的金光，那是被建筑物表面反射回来的阳光。而被影子盖过的地表则一片黯淡，除了零星几处亮点外，很难辨清细节。随着反光带和山影继续向远方推移，北京城开始变色了，先染了一层黄，再加上一点红，待"中国尊"也开始发亮的时候，天边已经是一片绯红了。国贸附近的高楼是最后一群被山影征服的建筑，它们像一座金色的孤岛，被黑影包围着。"中国尊"昂着倔强的脖子，直到最后一缕阳光淹没它的头顶，北京城才完全笼罩在一片昏暗中。

❷❹ 日落时的 CBD

面对这样的景象，我们除了欢呼雀跃之外，自然也不会让相机闲着。光影变化一直是延时摄影里常拍的题材，而刚才这段精彩的山影推移我们一定不会错过，这也是为什么我们早早上山的原因。但是真正的挑战才刚刚开始，一个小时内，天色会从昏黄变到全黑，我需要不停手动调整相机的各种参数，来适应不断变化的环境亮度。很多人在拍摄日夜交替延时的时候喜欢用锁定光圈的模式，让相机根据环境光的变化自动计算出适合的快门速度。但我更习惯用全手动模式，因为锁定光圈模式算出来的快门有时会不均匀，尤其在月升月落的时候会特别明显。

天黑得非常快，周围的山和树，转眼之间就变得模糊不清。相反的，城市却从夜幕中苏醒了过来。定都阁一改疲态，从上到下闪着夺目的灯光，七彩外衣崭新发亮，端坐在悬崖边傲视着山下。北京城里也渐渐出现了各种光亮，有序排列的是路灯，红色固定不动的是广告牌，星星点点的是窗户，条状的光柱是道路，五颜六色的是霓虹灯，还有红绿灯、景观灯等眼花缭乱。长安街像一条滚烫的火蛇，烈焰跳动，雄踞在微缩的楼宇之间；又像是一根流动不止的动脉，连天接地，生生不息。那些在白天鹤立鸡群的摩天大厦，如今在万盏争明的夜景里却并不显眼，反而是八角游乐园的摩天轮，用它那特殊的外形和灯光，成为此时最耀眼的明星。

㉕ 定都峰上看到的北京城月升

○

然而月亮出来后，所有这一切都成了陪衬。

它几乎是一瞬间跃出了地平线，像个倒扣着的半个橙子，在中央电视塔的左侧突然现身，随后我们的目光就再也无法从它身上移开。刚出生的月亮是脆弱的，在它与我们之间是一层附着在地表的浑浊大气，从我们脚下一直延伸到天边，将月光里的短波无情地削弱，只有波长较长的红光才能微微透出。不仅如此，由于经过无情的折射，月亮像柿子一样被压成椭圆，边缘出现锯齿，惨不忍睹，这样的现象只有在山顶或是海边从遥远的地平线才能看得到。不过情况马上就好转了，随着月亮升离地面，它摆脱

星月下的守望者

了低空的束缚，逐渐恢复元气，变成一个清晰耀眼的圆盘。这个过程在长焦镜头里尤为震撼，因为月亮被镜头放大了，但建筑物却因遥远的距离而变得很小，结果就在建筑物的对比之下，月亮看起来特别巨大。它像一盏缓慢升高的灯笼，擦着中央电视塔的尖顶，与"中国尊"遥遥相望。一架客机飞过，在月亮前面留下渺小的身影，一切都如计划好的一样完美。

北京城月升的 15s 延时拍摄，今天的月升别有一番风味。

㉖ 延时抽帧再堆栈后得到的月升串

）

　　月亮差不多是成 45 度的角度升上去的，从它出来的
那一刻起，相机的参数就以它为目标来调整。直到它越
来越亮、地景越来越黑，两者的光比相差太大的时候，
就无法再继续拍摄了。在这样通透的天气里，拍摄满月
的窗口期只有半个小时，之后月亮就会变成耀眼的银白
色，难怪李白有"小时不识月，呼作白玉盘"的诗句。
如果用后期将月升的过程串成时间切片，我们就能非常
明显地看出月亮的形状和颜色随着高度是如何变化的，
这也是科学摄影的魅力所在。

㉗ 在定都峰半山腰上拍摄的超级月亮串

　　　　　　　　　　　星月下的守望者

那天的拍摄自然是圆满成功，大家下山后一起吃了顿卤煮后才各自回家，边吃还边在赞叹定都峰真是一个不错的地方。确实如此，早些年我比较痴迷于拍摄定都阁，经常在山下寻找它的各种角度，这几条小路都是那个时候发现的。当我站在定都峰上，才明白定都阁和我一样也只是个旁观者，它所注视的方向才有真正美丽的景色。后来我就经常去定都峰，无所谓什么季节，没事就上去拍拍日月升落，也不管天气怎样，无论拍摄是否成功，因为只要站在山顶就一定会有收获。有时遇到雾霾天，北京仿佛被罩在一个灰褐色的盖子里，通红的日出从半空中开始；有时夜空铺满了大朵的云，月亮从云中穿行，在周围留下七色的华；有时天气绝佳，晴朗无月，面对着城市灯光甚至可以拍到淡淡的银河。就算什么也不拍，我也会偶尔来到定都峰，学古人一样登高望远、赏景抒情，北京近郊有这样一个地方真是大自然的馈赠，难怪明成祖朱棣曾称赞过"此峰位之观景之妙，无二可代，天赐也！"

❷❸ 定都峰上拍摄的北京城日出

The Sun

Of Olympic Forest Park

奥林匹克森林公园的红太阳

《尚书·胤征》里曾记载了这样一段话："乃季秋月朔，辰弗集于房，瞽奏鼓，啬夫驰，庶人走，羲和尸厥官罔闻知，昏迷于天象，以干先王之诛。"意思是说在秋天第三个朔月时，太阳和月亮在房宿附近交汇的时候发生了意外，以至于乐官敲鼓，管钱币的官员急忙取钱币，老百姓也跑着准备仪式来应对，由于天文官羲和尸位素餐，发生了这样重要的天象还不知道，结果犯了先王制定的死罪。

这是夏朝仲康年间，胤侯征讨羲和之前发布的讨书，也是世界上最早一部关于日食的文字记载，书中所谓日月交汇时出现的意外，其实就是日食。可见在我国古代发生日食是一件大事，需要举行隆重的仪式来解决，而天文官员如果没能成功预报日食则有可能引来杀身之祸。这当然是因为古代人对日食的不理解所造成的，现在日食变成人们喜闻乐见的一种特殊天象，在我们有生之年所发生的任何一次日食，都能精确地预测到。

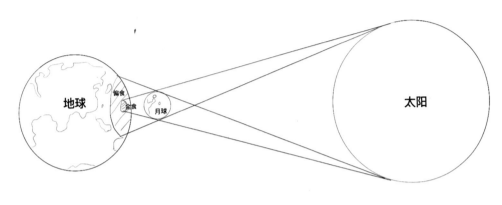

❷⁹ 手绘日食的原理

♑

　　遗憾的是，我到现在还没有亲眼见过一次日全食和日环食，只有几次拍摄日偏食的经历，其中以 2019 年初在北京见到的一次带食日出尤为印象深刻。带食日出指的是太阳从地平线升起来的时候正在发生日食，同理，如果一边日食一边日落则叫作带食日落。日偏食的过程比较简单，月亮刚要开始遮挡太阳的那一刻叫初亏，太阳被遮住的面积达到最大值的时候叫食甚，月亮刚刚离开太阳的那一刻叫复原。而这次日出的时候，日食刚刚初亏，所以仍然可以看到大部分的过程。

　　带食日出和日落是用长焦拍摄的好时机，因为太阳贴近地平线，可以和地景一起构图。我的想法是用 200 毫米焦距的镜头拍一个延时，太阳从画面的左下角进来，最后从右上角出去，后期还可以用这段延时合成一张时间切片，把不同时间点的太阳串在一起，以表现缺口部分的变化。至于地景，在考虑了建筑物高度、拍摄距离、摄影师密度、机位附近的移动空间之后，我最终选择了北京奥林匹克塔，机位在奥林匹克森林公园（以下简称奥森公园）内，位于塔西北大约 1 公里的一个叫作"共铸辉煌"的小广场处，日出的时间是早上 8 点多，这些都是在巧摄 App 里计算的结果。

☾

那天是个周日，早上 6 点钟左右我就出发了，不到半小时就到了奥森公园西门，到停车场时天色还是全黑的。公园里的路灯很亮，我跟着地图走过一条长长的步道，来到那个叫"共铸辉煌"的地方。原来这是一个不大的雕塑广场，主题就叫作"共铸辉煌"，有石头雕成的年份数字，也有铜雕的人物，描述的是从申办奥运成功到正式举办奥运期间，各行各业一起努力建设奥运的场景。这些雕塑并不高，广场朝南的视野很开阔，奥林匹克塔除了底部被树枝遮挡外，塔身的大部分都能看得见。北京奥林匹克塔高达 246 米，由五座高低不同的独立塔组合而成，五个塔的形状像树冠一样在顶部打开，寓意为"生命之树"。最高的塔顶有一个巨型五环标志，即使我离这么远也能清楚地看见。我把脚架打开，装好相机，用 200 毫米焦距的镜头对准奥林匹克塔，在它左侧留出大部分的空白，等着一会儿太阳从这里升起。天色刚蒙蒙亮，现在的时间还早，我翻出手机，看到郑老师在摄影群里发消息。他选择的机位是北海公园，目标是景山上的万春亭。从他发的照片看出，无论在北海公园还是万春亭都是人山人海，看来有很多人在守候着这场日偏食。但貌似来奥森公园拍日食的人并不多，也可能因为公园太大，大家都分散开了也说不定。我所处的这个小广场紧邻着一条大路，路上倒是有不少人在跑步，他们大多只穿着一身单运动衣，有的人甚至下身只穿着短裤。我对他们心中无比钦佩，因为跑步是我从小到大最头疼的运动，这扇门上帝为我关得紧紧的，几十年一直没有要打开的迹象。

31 太阳高度较低时的日偏食

时间过得很快，转眼就要日出了。我跑到对面的小山坡上，透过小树林张望着地平线，不一会儿就看到了通红的太阳。这时候太阳还太低，无法钻进我的画面里，但能明显看到左上角有一个小小的缺角，日食已经开始了。我用手里另一台装着 300 毫米镜头的相机对着太阳捏了几张，然后跑回广场，等待着拍摄延时。如果阳光没有遮挡的话，即使用最小的光圈和最短的快门速度来曝光依然会过曝，那就需要用减光膜，也叫巴德膜。把巴德膜盖在镜头前面就能滤掉大部分的阳光，这是拍日食的标准操作。但现在低空有一层雾霾，以至于阳光在日出的阶段并没那么刺眼，所以并不需要使用巴德膜，这也许是雾霾天唯一的好处。

不一会儿太阳就升到了在广场内也能看见的高度，我启动了延时快门，等待它进入画面。此时缺角已经很明显了，但并不影响阳光染红广场和路面，晨练的人开始有了反应，大家指着太阳议论纷纷，有的停下运动举起手机，开始对着太阳拍摄。其实大部分手机对这种天象是无能为力的，除非有些具有超长焦功能的国产手机可以尝试一下。所以我看到有人摇摇头放下手机，便邀请他到我身边，给他看我的相机屏幕。人们的反馈大都是"哎呀真清楚""你这个太专业了""果然被咬了一口"之类的，偶尔也有人问我为啥能预测到这个拍摄角度，我就耐心跟他多聊几句。像这种形式的科普被我们称为"路边天文"，效果还是不错的，一般我只要在人多的地方架起相机，就会有好奇的人过来围观，架望远镜的效果更好，人们总是对看起来更专业的设备更有兴趣。

㉜ 食甚前后的太阳

　　　　　　　　　星月下的守望者

○

太阳升高了之后，渐渐突破了雾霾，用肉眼看起来就比较吃力了。公园内也恢复了往日的节奏，跑步的跑步，做操的做操，食甚来临时大家并没有察觉到。其实北京这次日偏食的食分不到三分之一，也就是说太阳在食甚时被遮住的部分很小，并不影响它的亮度。但是在相机屏幕里，太阳上的缺口移动得非常明显，那是正在努力绕着地球旋转的月亮。太阳越过塔顶之后不久，就从我的画面里跑了出去，但是月食还没有结束。我取出巴德膜，用它挡在眼前仰头看去，太阳缺口还在慢慢向左移动，因为月亮就是朝着这个方向围着我们转的。等缺口最后在太阳的左边缘消失的时候，太阳已经升得很高，变得耀眼无比了。

❸❸ 太阳升高后的日偏食

在这之前，群里另一个摄影爱好者王骏也来到小广场，与我边拍边聊。有他帮我看着机器，我也可以跑远一点，用手里的 300 毫米再拍几个单张。在附近我也发现了一两个不认识的摄影师，这在奥森公园这种人口密度的地方已经算不少的了。后来从郑老师那里得知，那天在北海公园的摄影师特别的多，景山和角楼也都是人挤人。不夸张地说，如果羲和穿越到现在并且错过了一次日食预报，就算不被杀头，恐怕广大的摄影师也不会轻饶他。很多摄影师未必见得是天文爱好者，但由于现在很多媒体对天文现象开始逐渐关注，每次有日食、月食或者流星雨要来临时，都能成为社会大众的热点话题。大家拿起相机后，无所谓是什么领域的摄影师，只要是难得一见的美丽瞬间，就努力去记录。我倒是挺喜闻乐见有更多的人去关注夜空、去研究天象的，这就是路边天文的目的不是么。

今早的**日偏食延时视频**，突然觉得早上又冷又困又饿，一切都是值得的。

超级蓝血月之夜

2018年1月的一天清晨，下着微朦朦的小雪，我和好友肉堆、闷闷儿相约在北京大观园后门，等待着工作人员接我们进去。这是我在北京生活了快二十年，第一次来大观园，而且还是摸着黑，所以进园后东张西望，真和"刘姥姥"差不太多。我们这个时间来大观园当然不是游玩，而是为月底的一次月全食做拍摄准备。

月全食，就是月亮全部进到了地球的影子里，是一种特殊的天文现象，而我们要拍的这次月全食则更是罕见。首先，月亮在1月底会运行到近地点附近，也就是它的公转轨道上离地球最近的那个地方，其结果就是那几天的月亮会比其他的时候要大一点。虽然不会大很多，肉眼很难分辨出来，但仍可称之为超级月亮。其次，天文术语中把同一个月里的第二次满月叫做"蓝月"，这只是个称谓，与颜色无关。而1月初的时候已经有过一个满月了，月食那天又将再满一次，所以那天的月亮不仅大，而且还是个"蓝月"。最后，月全食的时候虽然月亮被完全挡住了，但是因为地球有大气层，阳光仍然能透过它散射到月面上，只不过只有波长较长的红色部分能穿过，所以月亮会呈现红色，是个名副其实的"血月"。综上，这次的月全食又大又"蓝"又红，是一次百年不遇的"超级蓝血月"。

㉟ 2018 年 3 月的一次蓝月

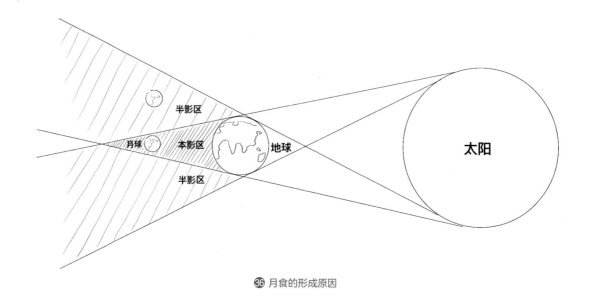

图中标注：半影区、月球、本影区、地球、半影区、太阳

㊱ 月食的形成原因

☾

　　如此难得的机会，我们当然要好好备战了，所以肉堆联系了在大观园负责摄影宣传的工作人员，打算以公园内的景色来做月全食的地景。由于地球的影子比较广，月亮在其中穿行的时间也会比较长，所以这次月全食的过程差不多有三个半小时。月亮在这么长的时间内，足够从东地平线附近升到天顶，所以一定要用超广角镜头来拍摄。我在大观园里转了一圈后，觉得省亲牌坊附近环境比较适合拍摄这样的构图。定好大场景之后，选择长焦机位就容易多了，因为用长焦随便在哪里都可以拍。我们选了凹晶溪馆前面的平台，因为它在湖的西岸，朝东和朝南两个方向都没有任何遮挡，十分理想。

③7 我做的月全食拍摄计划

☾

　　1月31号的天气非常晴朗，下午闭园之后，我们又进了大观园。肉堆临时有事来不了，到场的除了我之外只有闷闷儿和晓娟。闷闷儿是肉堆的女友，她和晓娟都是与我经常一起拍照的死党。一进园，我们就来省亲牌坊前，把这里的环境又仔细看了一下。北京大观园是按照《红楼梦》里的描写修建的，在书里面是贾元春回家省亲时住的地方，大观园的正殿是顾恩思义殿，省亲牌坊就在大殿正门外，与殿门南北对望。我把相机放在它们的西侧，脚架腿儿缩到最短，让相机尽可能贴近地面，镜头朝东仰视，殿门和牌坊在鱼眼镜头超大的视野里分居左右，中间闪出一条宽阔的通路，留给一会儿即将登场的主角。一切就绪后，我便开始拍摄延时。这段延时的时间跨度会比较长，从日落后的蓝调时刻到月升再到全食的整个过程，光线变化也会非常大。我待会儿应该是无暇来手动调整它的参数了，所以只好采用一个折中的曝光方案，只保证血月的阶段不会过曝，其他的就管不了那么多了。

38 月出时的景色

☾

　　我的主要精力在另一个相机上，它接着一台焦距长达 1325 毫米的折返望远镜，望远镜架在一台小型赤道仪上，它负责跟随斗转星移的转动，这样我就能从容地拍摄月食过程的特写了。这个过程分为五个阶段，月亮刚要接触地球本影的那一刹叫初亏，初亏之后就能在月面上看见缺角了；月亮刚刚整体进入地球本影的那一刹叫食既，食既开始就能看见一个明显的红月亮；月亮运行到地球本影最深处的那一刹叫食甚，食甚的时候月球中心和地球本影的中心距离最近，也是月亮最暗的时候；月亮整体在地球本影内，但是边缘与本影接触马上要走出来的那一刻叫生光，生光这个名字非常直白，直接理解就可以了；最后月亮即将整体走出本影的那一刻叫复圆，标志着月食的结束。这里所谓的地球本影，是指阳光无法直射到的区域，不包括大气层散射的红光。但实际上本影之外还有一圈半影区，也就是只有部分阳光被地球遮住的区域，月亮在半影区内亮度虽然也有所下降，但肉眼几乎察觉不到。

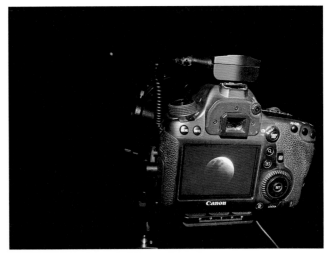

月全食超广角延时拍摄出炉了，省亲别院配合月全食，此场景一生能看见几次？

❸❾ 拍摄中的月全食

☽

日落后不久，月亮就升起来了，从凹晶溪馆看过去，月光洒在大观园的湖面上，照亮湖边的水榭，真像仙境一样。透过望远镜，月亮几乎占据了画面一半的大小，此时空气的视宁度也较稳定，月面上的哥白尼环形山、第谷环形山及它们附近的辐射纹都看得很清楚。但我必须时刻关注月亮在画面里的位置，因为我的赤道仪只能抵消地球的自转，而无法跟踪月亮相对地球的运动，那就只能靠我一点点地去手动调整了。这台相机也在拍着延时，只不过间隔较长，四、五秒一张，我可以利用这段时间快速调整参数。由于望远镜的焦比是固定的，所以我没办法调光圈，只能调整感光和快门。不过从初亏开始很长时间内都不需要改变参数，感光值为800，快门也一直保持在1/125秒。但月亮一半进入地影后，月面亮度明显下降，我就必须逐渐增加曝光时长。快到食既的时候，肉眼看去月亮只有一个小边角还在发光，但此时我的拍摄参数已经上调了很多，所以能很明显地拍到略显红色的暗部。

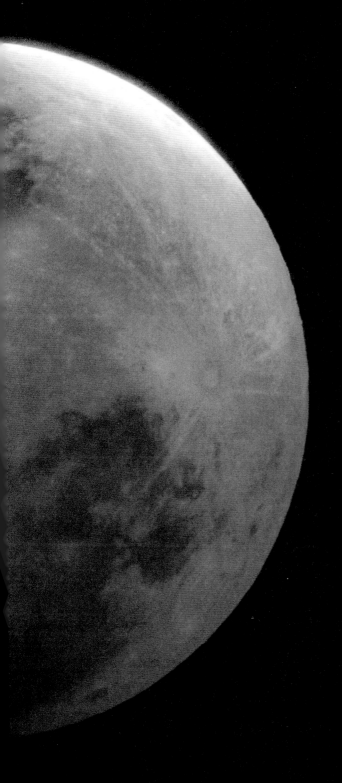

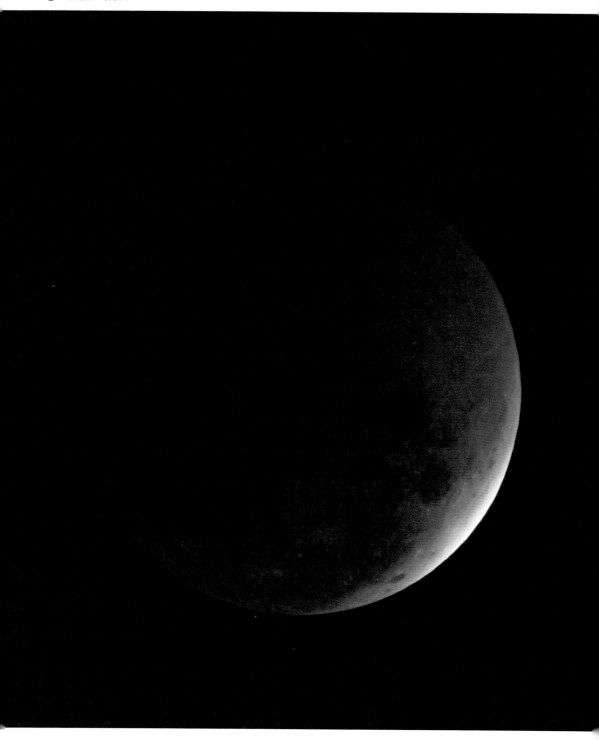

星月下的守望者

○

月亮几乎是在一瞬间失去了光辉，我感觉自己瞳孔一张，被眼前这颗血红色的月亮惊得目瞪口呆。红月亮其实并不少见，月亮在较重雾霾天里也都是红色的，但都不似这样有立体感。眼前的血月左边暗、右边亮，像是一个晶莹剔透的橙子，不，剥了皮的葡萄，感觉手指碰一下就能捏出水来。我的快门加到了 1/3 秒，感光也在持续上调，相机的参数告诉我，月亮现在其实非常暗。等到食甚的时候，感光和快门分别调到了 3200 和 1.6 秒，这在拍摄满月时是难以想象的。画面里，血月的周围可以看见点点的星光，这场景梦幻得有些不真实，让人激动不已。还好有闷闷儿和晓娟与我一同分享此时的喜悦，我相信在她们的记忆里，这一定也是令人难忘的经历。

㊷ 月食发生时的天色

漫长的血月阶段之后，月亮终于重新散发光芒，我又开始忙碌地回调参数，直到它的亮度趋于平稳，才算告一段落。月亮在午夜前复圆，我们回到省亲牌坊那里收回了拍摄超广角的相机，那边的拍摄也非常成功，月亮在画面里沿着预定的路线运动，整个全食的过程都被拍下来了。

㊸ 地球的影子

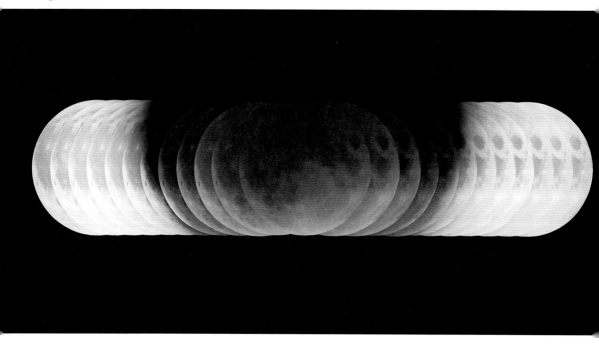

用一曲最后的华尔兹，带你边聆听边欣赏今年第一场**月全食的全过程**，视频为4小时延时摄影。

　　　　　　　　　　星月下的守望者

☽

看着头顶的明月，我突然想起，贾元春回大观园省亲的时候是个上元节，也是这个季节，也是个月圆之夜。而且她也是晚上来午夜后就离开，所以在她打道回宫的时候，眼前看到的景色也和现在差不多。只不过在她眼里，这一定是悲伤的夜晚，与我现在愉悦的心情大不相同。之后的两天里，我埋头于电脑前废寝忘食，将拍到的几千张照片逐个处理，把四个小时的月全食过程加速后浓缩在四分钟的视频里，作为此次拍摄的纪念。不知为何，我选了一首"最后的华尔兹"作为背景音乐，温柔的歌声中带着伤感，却因画面里的"超级蓝血月"而变得浪漫。

The Full Moon

At Xinglong

兴隆的满月

"这脚一定要踩稳"，我盯着斜下方一个满是积雪的平台对自己说。平台只有半米宽，离我一步之遥，旁边就是陡峭的山坡。我半蹲着身子，双手攥紧草根，左脚用力扎进雪里，右脚一迈，成功地踏了过去。下山后我回过头看了看那条蜿蜒向上的雪路，我爬了两次都没能成功，只好无奈地摇摇头。这是 2019 年 12 月的一天，在河北兴隆县三义村东北方的一个小山附近，我从北京开了 3 个小时的车来这里考察机位，为第二天拍摄月升做准备。我如此兴师动众是有原因的，因为这次月升确实非同一般。

兴隆县隶属河北省承德市，位于北京的东北，燕山山脉的主峰雾灵山的南麓。兴隆县城以东十几公里的山上有一个著名的地方——中国科学院国家天文台兴隆观测站。兴隆站建在一座小山头上，于 20 世纪 60 年代竣工，是国家天文台恒星与星系光学天文观测的基地。站里先后建有 9 台大型光学望远镜，其中 LAMOST（也叫郭守敬望远镜）和 2.16 米望远镜位置比较靠近山头西南的边缘，若是驾车从县城沿着 G112 国道一路往东，远远就能看得见。一个月前我第一次在国道上看见这两台望远镜的时候，马上就意识到这是一个绝佳的月升地景，后来在 App 里做了一下模拟，发现附近山体的遮挡严重，只有新年前后最偏北的那两个满月前后才能找到合适的拍摄机位。这么看来马上临近的这次满月恰恰就是个机会，所以我在 App 里认真选了三个备选机位，并且决定拍摄的前一天去现场熟悉一下地形。第一个机位就在那座小山的山顶，结果我爬不上去。

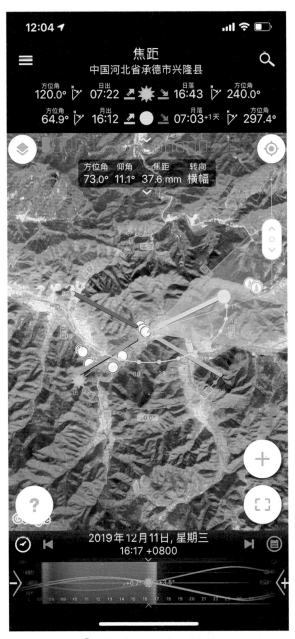

㊺ 我在巧摄 App 里标记的机位

☾

　在去往第二个机位的路上，我意外发现在三义村东边国道上有一个桥头貌似不错，停好车后我下来看了一下环境，感觉特别棒。这里离天文台差不多 1 公里，可以清楚地看见山顶的两个望远镜，说是望远镜，其实就是两栋巨型的建筑。左边的建筑有个白色的圆顶，内部是 2.16 米光学望远镜，在它右边稍远一点就是 LAMOST。

　LAMOST 的全称是"大天区面积多目标光纤光谱天文望远镜"，分为左右两个部分，左边也是一个圆顶建筑，用来容纳可跟踪天体运动的定天镜；右边是一个倾斜向上的巨型筒状建筑，由一低一高两座楼共同撑起，巨筒向下对着定天镜的圆顶，向上对着天，筒里是 LAMOST 的主镜。我与两个望远镜之间没有村庄，也看不见任何电线，视野特别好。这里唯一的不足在于太靠近柏油路，往外不到一米就是沟，不过拍摄的时候稍微留意一下车辆就行了，不是什么大问题。看好环境之后，我拿出手机打开 App 确认这个地点，然后皱起了眉头。因为从这里看去，月亮会从 LAMOST 巨筒的右侧升起，而不是在两个望远镜之间，角度差得有些远。我只好遗憾地回到车里，按原计划继续去寻找第二个机位，却在心中默默记下了这个地点。

　第二个机位离得不远，就在三义村后面的山顶，我在山下一个大型的电厂外停好车，远远看见上山的路没有多少积雪，便开始往上爬。刚开始确实不难走，但一会儿走到山的阴面，路上的积雪就变多了。不过这条路的坡度比之前那座山要缓一些，所以我四脚并用最后终于爬到了山顶。山顶是一大片梯林，有四五层平台，种的全是栗子树，平台之间堆着厚厚的栗子壳，一脚下去快没到了膝盖。我艰难地爬了几层平台总算来到最高处我标记的机位，却发现前方有一片树林，不偏不倚正好挡住了天文台的方位，这在 App 里是无法预知的。我擦了一下额头的汗，一屁股坐在栗壳堆里，看着薄云在远处的群山上萦绕，大脑一片空白。不过这是没办法的事情，我瞥了一眼手表，还有时间去瞅瞅第三个机位，所以就决定下山。"上山容易下山难"是一句真理，尤其是在雪路上，尽管我每一步都很小心，但刚才的体力消耗还是让我吃了亏。在一个稍陡的斜坡处，我右脚没踩实，然后整个人坐在雪坡上开始往下滑。好在我当时重心很低，路边又有不少矮树和杂草，我抓了两下后就停住了。但在这之后我心里反而轻松了许多，因为很难想象我扛着一身设备，两手再拿着脚架，在月升后的黑夜里下山会发生什么，所以我不再去纠结那片树林，集中精力走好每一步，最终安全地回到了山下。

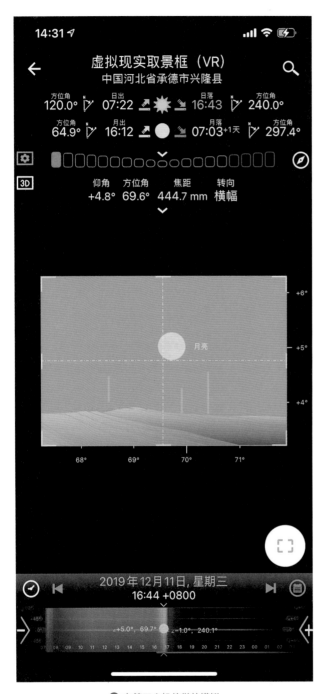

㊻ 在第三个机位做的模拟

☾

　　我振作精神，来到三义村南边 G112 国道的对面，这是我标记的最后一个备选机位了。这边的山坡很平缓，坡上也是梯林，种的全是果树，我爬了一层平台后就来到了机位。从这里望向天文台，可以躲开下层平台的树杈，但回避不了三义村的电线和电塔。不过这里的角度还不错，所以只能退而求其次了，就这样当天的考察结束，我启程返回了北京。

　　次日下午我直接来到第三个机位，架起 600 毫米的长焦和 4SE 望远镜，做好了拍摄延时的准备。当天万里无云，却狂风大作，温度低于零下 10 摄氏度，两个相机陪着我在风中瑟瑟发抖，与我一起坚守着。我们坚持到了日落，看到地影渐渐吞噬天文台下方的山坡，看到两个建筑表面由金黄变得刺眼再逐渐黯淡；我们看到天边渐渐泛出粉红色，那是地球影子的边缘，俗称美丽的维纳斯带；我们看到月亮从 2.16 米望远镜圆顶后面冒出头来，在两台望远镜中间变成圆月然后升起，穿过一根根电线后闪闪发光。这些画面让我激动不已，冻透了的双脚不停地剁着地面，而两台相机也好像有了生命一般，"啪嗒啪嗒"兴奋地叫个不停，将这些美丽的瞬间全部都记录了下来。但那些讨厌的电线，尽管后期用软件都擦除了，在我心中一直是挥之不去的阴影，暗示着这并不是一次成功的拍摄。

47 2.16 米反射望远镜与月升

星月下的守望者

48 维纳斯带月升

终于完成了一个心愿，拍摄了**国家天文台兴隆站的月升**。但这个延时制作得比较痛苦，仅擦除电线就用掉了一天一夜的时间。

好在上天很快就给了我一次弥补遗憾的机会，一个月后，2020 年第一次满月的前一天，又是个大晴天，我又回到兴隆去实现未完成的心愿。这次我和拍月小王子郑老师、星缘山风队的拍月大神汤波，还有精通星空、极光、水下、野生动物摄影——年纪轻轻却成绩斐然的女摄影师 Tea-tia，一起来到三义村国道边的那个拥有绝佳视野的机位，爽快地拍了一次从 LAMOST 后面穿过的满月升。这台由我国自主研制的望远镜，不久前刚帮助国家天文台的研究团队发现了迄今为止质量最大的恒星级黑洞，让我们在这个时候拍摄 LAMOST 显得格外有意义。月亮出现的时候我们都欢叫起来，引得路过的车辆纷纷慢下，摇下窗户也和我们一样看向月亮。只见它在 LAMOST 的背后，沿着镜筒倾斜而笔直的边缘，缓缓却坚定地向上爬着，最后飘进粉色的维纳斯带里。没有云和讨厌的电线，只有银白而耀眼的月光，洒在小山上、小路边、梯林间和栗树旁。

㊾ 拍摄时的花絮

㊿ LAMOST 月升串

　　　　　　　　　　　星月下的守望者

8 倍速的月升，于中国科学院国家天文台兴隆观测站，画面中是著名的郭守敬望远镜。月亮冒出头来的一刹那，美得像童话一样。

The Moon
Rises And Sets

月升月落

我国古代有许多关于月亮的神话。

　　传说盘古在开天辟地之后，气息化为风云雷雾，身体变成山川大地，两只眼睛分别升作了太阳和月亮。《山海经》里则认为是月母常羲生了十二个月亮，每个月生一个，正好一年。而西汉的著作《淮南子》里也写了一位叫嫦娥的女子，在偷吃了王母娘娘的不死药后，飞进月宫成仙的故事。

　　祖先虽然并不知晓月亮到底是什么，幻想它是盘古的眼睛、月母的孩子，甚至是天上的宫殿，却敏锐地观察到日月的运行规律，发明了用于指导农作物收种的农历。而文人骚客，也将月亮作为创作灵感的来源，留下许多喻世于月的诗句。直到后来人们才明白，我们其实是生活在一个球上，而月亮也是一个球，并且在不停地绕着我们旋转。至于农历里的朔望晦弦、诗句里的阴晴圆缺，则都是它转到不同位置时所表现出的月相。

☾

所谓月相，就是从地球看去，月亮被太阳照亮的部分的形状。月亮在不同月相时起落的时间和方位是不同的，比如满月总是黄昏时从东方升起、黎明时在西边落下，蛾眉月却是日落后悄然出现在西边但却看不见何时升起，而残月则总是凌晨时从东边升起，到了日出就不见了踪迹。月亮看似变化多端、神出鬼没，有时大白天也看得见，有时却一整晚也找不着。其实这都是地球、月球和太阳三者的位置变化造成的。

(51) 乌兰布统细蛾眉月

农历每月的初一，也叫朔，月亮在地球和太阳中间，这一天月面上只有极少的阳光能反射到地球，因此这时候我们是看不见月亮的。月亮从此时开始朝东出发，一天便向前走了 13 度，与太阳拉开了小小的距离，在太阳下山后一小时左右我们就能在西边地平线上空看见细细的月牙。月牙亮的一面朝着太阳落山的方向，像一条弯弯的眉毛，这时的月相就叫作蛾眉月。

52 万春亭上蛾眉月

但是初二之后月亮每天都比前一天更高、更亮，月牙也更宽，月落也比前一天推迟了差不多 53 分钟。初四左右的蛾眉月已经非常明显，而且因为月落前天色已经全黑，所以如果天气好的话可以看见地照，也就是月牙旁边被地球反射回去的阳光微微照亮的暗面。

　　　　　　　星月下的守望者

53 雷峰塔蛾眉月落

(54) 定都阁蛾眉月落楼影

☾

初五之后的月亮开始变得耀眼，甚至在天黑之前也能看得见，出现的位置也越来越靠东。等到初七、初八，正午过后如果天气极通透，就能在东边隐约看见正在升起的白月亮，月亮的形状正好是一个半圆，像一个橘子瓣，这天的月相叫作上弦。上弦那天月亮、地球和太阳的夹角是 90 度，所以日落时月亮在正南，月落在午夜前后。

(55) 上弦月

(56) 定都阁凌凸月

○

上弦之后的月亮每天都要圆一些，但是并未到达正圆，这时候的月相叫上凸月或盈凸月。盈凸月在下午月升，也是一个白月亮，日落后变得耀眼。随着月亮继续东移，到了农历十五至十七这段时间里的某一刻会变圆，最圆的那一刻叫望，也就是满月。月亮之所以会圆，因为它与太阳几乎正对着，两者分居地球的两侧，因而满月前后的月亮在太阳落山时分升起，在午夜升至正南，又在差不多日出的时刻落下，像明灯一样整夜都挂在天上。而每天日出日落时在太阳另一边的地平线上都会出现一条粉红色的散射带，即维纳斯带，如果月亮恰巧伴随着维纳斯带一起升起或落下，会是特别美丽的风景。

㊳ 满月晕

星月下的守望者

❺❾ 定都阁满月落

⑥ 超级月亮

星月下的守望者

）

　　满月之后，月升时天色就已经黑了，月亮又开始一点一点变得不圆，此时的月相叫作下凸月，也叫亏凸月。亏凸月继续东移，直到农历二十二三前后，月亮、地球和太阳的夹角又变回了 90 度，月亮在午夜时分升起，在日出时到达正南，在正午时分落下。这天的月相叫下弦，也是个半圆，下弦月和下凸月都是在夜里升起，因此在白天都是可见的。

🟡 西北角楼下弦月

☽

　　下弦后的月亮继续东移，形状也重新变回月牙，月牙朝着地平线下面的太阳，这时的月相叫作下蛾眉或者残月。残月的月牙越来越细，也越来越靠近太阳，到农历二十七八的时候，与初三、初四时的蛾眉月一样最为秀丽。而等到月尾的那几天，日出前它就已经消失不见了。

62 西双版纳庄凯大金塔残月

　　　　　　　　　　　　　　　星月卜的守望者

☽

　　月亮继续向前，经过农历的最后一天，也叫作晦，便又回到它
出发的起点，结束了一次围绕地球公转的周期，也完成了一轮月相的
变化。从地球上看去，月亮有时会和比较亮的行星或恒星擦肩而过，
当它们离得较近时，就称为伴月或合月，如果月亮不小心轧过了那颗
星，则被称为掩星。行星伴月在每个月中都会出现，是肉眼可见的绝
佳美景。

65 土星伴月

　　　　　　　　　　　　　　星月下的守望者

）

"今人不见古时月，今月曾经照古人"，也许是因为古人看着月亮从朔到望再到晦，每个月周而复始，像不断诞生的生命，所以才会把它想象成由常羲生育而来的。而传说中嫦娥在奔月后，变成了蟾蜍，也成为多子和生育的象征。但巧的是，现在的科学证实，月球对地球上生命的起源也确实有着重要的作用。因为月球的引力，地球的自转轴可以稳定在一个固定的角度，而不至于造成巨大的气候变化；因为月球的引力，促进了地球上出现了板块构造，使得地球不会像金星一样炙热无比；另外还是因为月球引力，让地球上产生了潮汐变化，海水里的生命才有机会发展到陆地上来。总之如果没有月亮，不仅是我们看不见阴晴圆缺这样的美景，而是地球可能就不会发展出复杂的生命，也就根本不会有人类的存在。

1. 10 分钟前刚刚被超级月亮掩住的**金牛座主星毕宿五**。

2. **聚焦地平线之上**，每一个画面都触及心灵。

3. 两年来拍摄的**月升月落**延时短片，焦距跨度从 12 毫米至 1325 毫米，包含了若干次的月升、月落以及日食月食。每次都是通过 PlanIt（巧摄）来规划远射的机位，并不断从实际拍摄中总结经验，摸索曝光的临界值。

相机拍摄专业数据说明

Technical Data Of Shooting

* 仅摄影作品有参数

1

相机机身型号	Canon EOS 6D	画面曝光时间	2s
镜　　头	F1.4 DG HSM | Art 012	焦　　段	35mm
光圈值（F）	4.5	感光度（ISO）	1600
拍 摄 时 间	05:13:22 Dec/04/2018		

2

相机机身型号	Canon EOS 6D	画面曝光时间	1/3s
镜　　头	SIGMA 300 APO	焦　　段	300mm
光圈值（F）	4	感光度（ISO）	1600
拍 摄 时 间	05:29:48 Dec/04/2018		

3

相机机身型号	Canon EOS 6D	画面曝光时间	4s
镜　　头	EF28-105mm f/3.5-4.5 USM	焦　　段	105mm
光圈值（F）	9	感光度（ISO）	800
拍 摄 时 间	05:04:18 Apr/11/2017		

4

相机机身型号	Canon EOS 6D	画面曝光时间	1s
镜　　头	DG HSM | Art 015	焦　　段	20mm
光圈值（F）	1.4	感光度（ISO）	400
拍 摄 时 间	21:44:59 Oct/08/2017		

5

相机机身型号	Canon EOS 5D Mark IV	画面曝光时间	1/10s
镜　　头	EF100-400mm f/4.5-5.6L IS II USM	焦　　段	340mm
光圈值（F）	5.6	感光度（ISO）	2000
拍 摄 时 间	05:01:16 Apr/20/2020		

6

相机机身型号	Canon EOS 6D	画面曝光时间	1s
镜　　头	SIGMA 300 APO, 2X	焦　　段	600mm
光圈值（F）	8	感光度（ISO）	25600
拍 摄 时 间	04:18:45 Sep/08/2018		

7

相机机身型号	Canon EOS 6D Mark II	画面曝光时间	1/2s
镜　　头	EF200mm f/2.8L II USM, 2X	焦　　段	400mm
光圈值（F）	5.6	感光度（ISO）	5000
拍 摄 时 间	04:23:18 Apr/06/2020		

8		相机机身型号	Canon EOS 6D		画面曝光时间	1/40s
		镜　　　头	CELESTRON 4SE		焦　　　段	1325mm
		光圈值（F）	13		感光度（ISO）	1600
		拍 摄 时 间	17:40:32 Nov/09/2018			

9		相机机身型号	Canon EOS R6		画面曝光时间	1/30₃
		镜　　　头	Sigma 150-600 S		焦　　　段	600mm
		光圈值（F）	6.3		感光度（ISO）	25600
		拍 摄 时 间	18:20:38 Sep/19/2020			

10		相机机身型号	Canon EOS 5D Mark IV	画面曝光时间	01/60-2sec
		镜　　　头	EF 100-400, 2X, HDR	焦　　　段	800mm
		光圈值（F）	11.2	感光度（ISO）	1600
		拍 摄 时 间	19:52:24 Apr/27/2020		

11		相机机身型号	Canon EOS 6D		画面曝光时间	1.6s
		镜　　　头	SIGMA 300 APO		焦　　　段	300mm
		光圈值（F）	4		感光度（ISO）	3200
		拍 摄 时 间	04:03:09 Sep/18/2017			

12		相机机身型号	Canon EOS 6D		画面曝光时间	2.5s
		镜　　　头	SIGMA 300 APO		焦　　　段	300mm
		光圈值（F）	32		感光度（ISO）	3200
		拍 摄 时 间	04:14:25 Jun/21/2017			

13		相机机身型号	Canon EOS 6D		画面曝光时间	1/1s
		镜　　　头	SIGMA 300 APO		焦　　　段	300mm
		光圈值（F）	6.3		感光度（ISO）	3200
		拍 摄 时 间	04:01:01 Jan/12/2018			

15		相机机身型号	Canon EOS 6D		画面曝光时间	4s
		镜　　　头	EF200mm f/2.8L II USM		焦　　　段	200mm
		光圈值（F）	8		感光度（ISO）	800
		拍 摄 时 间	05:59:04 Jan/23/2019			

16		相机机身型号	Canon EOS 6D		画面曝光时间	1/25s
		镜　　　头	EF200mm f/2.8L II USM		焦　　　段	200mm
		光圈值（F）	8		感光度（ISO）	1600
		拍 摄 时 间	02:21:49 May/28/2018			

17	相机机身型号	Canon EOS 6D	画面曝光时间	1s
	镜　　头	SIGMA 300 APO, 2X	焦　　段	600mm
	光圈值（F）	14	感光度（ISO）	6400
	拍 摄 时 间	17:44:51 Nov/20/2017		

18	相机机身型号	Canon EOS 6D	画面曝光时间	1.3s
	镜　　头	SIGMA 300 APO, 2X	焦　　段	600mm
	光圈值（F）	32	感光度（ISO）	1600
	拍 摄 时 间	23:07:40 Aug/01/2018		

19	相机机身型号	Canon EOS 6D	画面曝光时间	1.3s
	镜　　头	SIGMA 300 APO, 2X	焦　　段	600mm
	光圈值（F）	32	感光度（ISO）	1600
	拍 摄 时 间	23:12:59 Aug/01/2018		

20	相机机身型号	Canon EOS 6D	画面曝光时间	1/6s
	镜　　头	SIGMA 300 APO, 2X	焦　　段	600mm
	光圈值（F）	32	感光度（ISO）	6400
	拍 摄 时 间	21:00:27 Jul/31/2018		

21	相机机身型号	Canon EOS 6D	画面曝光时间	1/6s
	镜　　头	SIGMA 300 APO, 2X	焦　　段	600mm
	光圈值（F）	4.5	感光度（ISO）	1600
	拍 摄 时 间	22:05:37 Sep/16/2018		

22	相机机身型号	Canon EOS 6D	画面曝光时间	1/2000s
	镜　　头	SIGMA 150 600 Sport, 2X	焦　　段	1200mm
	光圈值（F）	12.6	感光度（ISO）	100
	拍 摄 时 间	19:308:45 Mar/20/2020		

23	相机机身型号	Canon EOS 6D	画面曝光时间	1s
	镜　　头	SIGMA 300 APO	焦　　段	300mm
	光圈值（F）	4	感光度（ISO）	640
	拍 摄 时 间	22:27:42 Jan/25/2019		

24	相机机身型号	Canon EOS 6D	画面曝光时间	1/320s
	镜　　头	EF200mm f/2.8L II USM	焦　　段	200mm
	光圈值（F）	11	感光度（ISO）	500
	拍 摄 时 间	18:30:33 Mar/21/2019		

　　　　　　　　　　　　　　星月下的守望者

25		相机机身型号	Canon EOS 6D	画面曝光时间	1/160s
		镜　头	SHARPSTAR CF90	焦　段	600mm
		光圈值（F）	6.7	感光度（ISO）	6400
		拍　摄　时　间	18:57:07 Mar/21/2019		

26		相机机身型号	Canon EOS 6D	画面曝光时间	1/100s
		镜　头	EF200mm f/2.8L II USM	焦　段	200mm
		光圈值（F）	6.3	感光度（ISO）	2000
		拍　摄　时　间	19:21:32 Mar/21/2019		

27		相机机身型号	Canon EOS 6D Mark II	画面曝光时间	1/200s
		镜　头	150-600mm F5-6.3 DG OS HSM | Sports 014	焦　段	260mm
		光圈值（F）	5.6	感光度（ISO）	6400
		拍　摄　时　间	19:18:11 Mar/10/2020		

28		相机机身型号	Canon EOS 6D Mark II	画面曝光时间	1/80s
		镜　头	150-600mm F5-6.3 DG OS HSM | Sports 014	焦　段	420mm
		光圈值（F）	6.3	感光度（ISO）	200
		拍　摄　时　间	06:18:53 Mar/19/2020		

30		相机机身型号	Canon EOS 6D Mark II	画面曝光时间	1/320s
		镜　头	EF200mm f/2.8L II USM	焦　段	200mm
		光圈值（F）	2.8	感光度（ISO）	1000
		拍　摄　时　间	21:09:35 Apr/07/2020		

31		相机机身型号	Canon EOS 6D	画面曝光时间	1/100s
		镜　头	EF200mm f/2.8L II USM	焦　段	200mm
		光圈值（F）	32	感光度（ISO）	100
		拍　摄　时　间	08:36:35 Jan/06/2019		

32		相机机身型号	Canon EOS 6D	画面曝光时间	1/4000s
		镜　头	SIGMA 300 APO	焦　段	300mm
		光圈值（F）	4	感光度（ISO）	100
		拍　摄　时　间	08:50:39 Jan/06/2019		

33		相机机身型号	Canon EOS 6D	画面曝光时间	1/400s
		镜　头	EF200mm f/2.8L II USM	焦　段	200mm
		光圈值（F）	32	感光度（ISO）	100
		拍　摄　时　间	09:10:30 Jan/06/2019		

34		相机机身型号	Canon EOS 6D	画面曝光时间	1/200s
		镜　　头	EF200mm f/2.8L II USM	焦　　段	200mm
		光圈值（F）	32	感光度（ISO）	100
		拍 摄 时 间	08:45:38 Jan/06/2019		

35		相机机身型号	Canon EOS 6D	画面曝光时间	1/25s
		镜　　头	SIGMA 300 APO	焦　　段	300mm
		光圈值（F）	4	感光度（ISO）	2000
		拍 摄 时 间	20:03:48 Mar/31/2018		

38		相机机身型号	Canon EOS 6D	画面曝光时间	1/15s
		镜　　头	SAMYANG 12 Fisheye	焦　　段	12mm
		光圈值（F）	2.8	感光度（ISO）	6400
		拍 摄 时 间	18:22:22 Jan/31/2018		

40		相机机身型号	Canon EOS 6D	画面曝光时间	1/3s
		镜　　头	CELESTRON 4SE	焦　　段	1325mm
		光圈值（F）	13	感光度（ISO）	3200
		拍 摄 时 间	20:49:40 Jan/31/2018		

41		相机机身型号	Canon EOS 6D	画面曝光时间	1/3s
		镜　　头	CELESTRON 4SE	焦　　段	1325mm
		光圈值（F）	13	感光度（ISO）	1250
		拍 摄 时 间	22:10:00 Jan/31/2018		

42		相机机身型号	Canon EOS 6D	画面曝光时间	1/15s
		镜　　头	SAMYANG 12 Fisheye	焦　　段	12mm
		光圈值（F）	2.8	感光度（ISO）	6400
		拍 摄 时 间	22:06:18 Jan/31/2018		

43		相机机身型号	Canon EOS 6D	画面曝光时间	1/250s
		镜　　头	CELESTRON 4SE	焦　　段	1325mm
		光圈值（F）	13	感光度（ISO）	800
		拍 摄 时 间	23:23:01 Jan/31/2018		

44		相机机身型号	Canon EOS 6D	画面曝光时间	1/15s
		镜　　头	SAMYANG 12 Fisheye	焦　　段	12mm
		光圈值（F）	2.8	感光度（ISO）	6400
		拍 摄 时 间	23:45:51 Jan/31/2018		

47		相机机身型号	Canon EOS 5D Mark IV	画面曝光时间	1/500s
		镜　　头	CELESTRON 4SE	焦　　段	1325mm
		光圈值（F）	13	感光度（ISO）	1600
		拍 摄 时 间	16:43:26 Dec/11/2019		

48		相机机身型号	Canon EOS 6D Mark II	画面曝光时间	1/500s
		镜　　头	150-600mm F5-6.3 DG OS HSM	Sports 014	焦　　段	600mm
		光圈值（F）	6.3	感光度（ISO）	400
		拍 摄 时 间	17:00:23 Dec/11/2019		

50		相机机身型号	Canon EOS 6D Mark II	画面曝光时间	1/80s, 2X
		镜　　头	SIGMA 150-600 S	焦　　段	1200mm
		光圈值（F）	12.6	感光度（ISO）	500
		拍 摄 时 间	17:05:09 Jan/10/2020		

51		相机机身型号	Canon EOS 6D	画面曝光时间	1/10s
		镜　　头	EF70-200mm f/2.8L IS II USM	焦　　段	120mm
		光圈值（F）	11	感光度（ISO）	8000
		拍 摄 时 间	20:12:08 Aug/02/2019		

52		相机机身型号	Canon EOS 6D	画面曝光时间	1/2s
		镜　　头	EF200mm f/2.8L II USM	焦　　段	200mm
		光圈值（F）	2.8	感光度（ISO）	160
		拍 摄 时 间	18:00:12 Jan/08/2019		

53		相机机身型号	Canon EOS 6D	画面曝光时间	1/13s
		镜　　头	EF200mm f/2.8L II USM	焦　　段	200mm
		光圈值（F）	4	感光度（ISO）	800
		拍 摄 时 间	20:41:49 Sep/14/2018		

54		相机机身型号	Canon EOS 6D Mark II	画面曝光时间	1s
		镜　　头	SIGMA 150-600 S, 4X	焦　　段	2400mm
		光圈值（F）	25.2	感光度（ISO）	12800
		拍 摄 时 间	20:53:24 Mar/27/2020		

55		相机机身型号	Canon EOS 6D	画面曝光时间	1/100s
		镜　　头	CELESTRON 4SE	焦　　段	1325mm
		光圈值（F）	13	感光度（ISO）	400
		拍 摄 时 间	22:39:23 Mar/05/2017		

56		相机机身型号	Canon EOS 6D	画面曝光时间	1/20-1.6s
		镜　头	CELESTRON 4SE，HDR	焦　段	1325mm
		光圈值（F）	13	感光度（ISO）	1600
		拍 摄 时 间	03:02:41 Dec/11/2016		

57		相机机身型号	Canon EOS 6D	画面曝光时间	1/250s
		镜　头	EF200mm f/2.8L II USM	焦　段	200mm
		光圈值（F）	13	感光度（ISO）	5000
		拍 摄 时 间	20:44:47 Jun/28/2018		

58		相机机身型号	Canon EOS 6D	画面曝光时间	3.2s
		镜　头	SAMYANG 12 Fisheye	焦　段	12mm
		光圈值（F）	2.8	感光度（ISO）	400
		拍 摄 时 间	00:52:45 Mar/13/2017		

59		相机机身型号	Canon EOS 6D Mark II	画面曝光时间	1/200s
		镜　头	SIGMA 150-600S, 2X	焦　段	1200mm
		光圈值（F）	12.6	感光度（ISO）	1600
		拍 摄 时 间	06:42:00 Mar/11/2020		

60		相机机身型号	ZWO ASI 183MC Camera	画面曝光时间	
		镜　头	Celestron 4SE	焦　段	1325mm
		光圈值（F）	13	感光度（ISO）	
		拍 摄 时 间	JAN/21/2019		

61		相机机身型号	Canon EOS 5D Mark IV	画面曝光时间	1s
		镜　头	EF100-400mm f/4.5-5.6L IS II USM	焦　段	300mm
		光圈值（F）	6.7	感光度（ISO）	800
		拍 摄 时 间	16:13:10 Apr/14/2020		

62		相机机身型号	Canon EOS 6D	画面曝光时间	2s
		镜　头	EF200mm f/2.8L II USM	焦　段	200mm
		光圈值（F）	2.8	感光度（ISO）	3200
		拍 摄 时 间	07:08:55 Feb/02/2019		

63		相机机身型号	Canon EOS 6D	画面曝光时间	1.3s
		镜　头	Celestron 4SE	焦　段	1325mm
		光圈值（F）	13	感光度（ISO）	25600
		拍 摄 时 间	03:46:28 Nov/15/2017		

64	相机机身型号	Canon EOS 6D	画面曝光时间	1s
	镜　　　头	EF200mm f/2.8L II USM	焦　　　段	200mm
	光圈值（F）	5.6	感光度（ISO）	1600
	拍摄时间	04:28:47 Jan/02/2019		

65	相机机身型号	Canon EOS 6D	画面曝光时间	2s
	镜　　　头	Celestron 4SE	焦　　　段	1325mm
	光圈值（F）	13	感光度（ISO）	3200
	拍摄时间	04:04:08 May/05/2018		

PART II

星辰
The Stars

Charcoal Fire

In The Yard

小院里的炭火

北京怀柔区西南有一个叫洞台的村子，位于长城脚下，远离市区。这里白天山清水秀，入夜后星光满天，宛若世外桃源一般。十几年前，我的岳父岳母退休后在这里买了一处四合院，住了几年便移居别处，我和好友马鉴便把各自的望远镜搬了进来，把它作为我们聚会拍星的据点，并亲切地称它为"小院儿"。

☾

　　记得某年秋末的一天，北京刮着大风，天气特别晴朗。我和马鉴下午赶到了怀柔，先去城区的超市里买了烤炉和木炭，以及若干食材，打算晚上围着炉火边烤肉边拍星。来到小院儿后，我们先趁着天亮在院子中央把设备装好，然后就赶紧出去捡柴火。这是因为入秋后山里的昼夜温差非常大，到了夜晚温度会下降十几摄氏度，火炉子是在院子里工作时必要的设施。我们之所以选择秋冬的季节，是因为冬季星空有很多值得拍摄的深空天体。

⓶ 拍摄中的望远镜

☾

　　众所周知，地球在不停地绕着太阳旋转，这不仅产生了的季节交替，也使地球的黑夜在一年中朝向了不同的方向，所以我们头顶的星空是随着季节而变化的。冬季星空就是指北半球冬季的时候我们所能看到的夜空，其最著名的标志就是猎户座。猎户座最显眼的特征是一个由四颗亮星组成的四边形，以及位于四边形中心整齐排列的三颗星，它一入夜便会出现在东南方，所以很引人注目。古代西方把猎户座想象成一个举着大棒的猎人，四颗星分别是猎人的四肢，而三颗星则是他的腰带。在腰带正下方还有几颗亮度稍弱一些的星，那里就是著名的猎户座大星云。作为深空天体来说，猎户座大星云是非常亮的，仅借助双筒望远镜便能看见它扇形的气体云，所以它是我们主要的拍摄目标之一。除了猎户座大星云之外还有猎户座的马头星云、麒麟座的玫瑰星云、金牛座的昴星团等，也都是冬季星空的明星天体。

深空天体都非常暗，所以需要几个小时的曝光，但这并不是说要让相机的快门一直打开几个小时，而是要用很多次曝光来累积，每次曝光一般只有几分钟。可是因为地球在不停自转，哪怕只曝光几秒的话星星也会出现明显的拖线，因此要实现数分钟的拍摄则一定要有精准的跟踪机制，这就是拍摄深空的难点所在。现在很多望远镜都标配有赤道仪，即一种可以与星空同步旋转的微动马达，但它并不能及时发现跟踪过程中出现的偏差，所以要实现更精准的跟踪则一定要用导星系统。所谓导星系统就是用另一套望远镜和相机来作赤道仪的眼睛，目的是观察星空的变化；然后再用专业的软件来作赤道仪的大脑，分析这些变化并将修正的方案传递给赤道仪，这样赤道仪就变得智能了。话虽如此，但实际操作的时候根本不会一次就成功，我和马鉴当时都是刚刚接触这些概念，所以每次拍摄都要相互协作，按部就班做好每一个环节，着急不来。

⑬ 仙女座星系

☾

　　拍摄深空的设备很多，准备工作也比较繁杂。沉重的三脚架上面是赤道仪，赤道仪一头托着望远镜，另一头接着用来平衡望远镜重量的重锤。望远镜顶部装有导星镜和寻星镜，后端接着单反相机，导星镜的后面还有一个导星相机。这些部件都需要用各种线连着，幸亏天亮的时候被我们全都接好了，不然黑灯瞎火很容易弄错。

④ 拍摄中的望远镜和一颗流星

相机记录的**深空拍摄**全过程。这段视频记录了从昨晚 8 点多到今天凌晨 3 点左右，我和 7yue 在小院拍星的过程。昨晚怀柔山里的温度绝不会高于零下 8 摄氏度，非常冷。冬天在野外拍星是多数人所无法理解的，就像子夜时我们头顶的星空一样，也是多数人所无法想象的。

下一步就是各种校准和调试。寻星镜和望远镜、导星镜这三个镜子要校准到同一个光轴上，目的是更方便地寻找目标。赤道仪里面还有一个极轴镜，那个需要指向北天极，为了保证赤道仪的转向与地球同步。接下来将望远镜和导星镜对好焦，固定每段镜筒的长度，然后就可以调平衡了。调平衡分两步，一是调整重锤的长短使其与望远镜一端的重量一致，二是调整望远镜一端在赤道仪上的固定位置，让它与望远镜一端的重心相吻合。调平衡的目的是减少赤道仪在赤经和赤纬两个转轴上的阻力，使其马达更精准地微动。最后一步是校准赤道仪，让赤道仪的寻星系统与实际的星空相一致。总之我们俩每次都要至少半个小时才能将这一套流程弄完。

05 猎户座大星云

○

　　接下来就是寻找天体准备拍摄了，拿猎户座大星云来举例，如果赤道仪正确校准了，那么只要在赤道仪的操作手柄上输入M42（猎户座星云在梅西耶天体列表中的编号），赤道仪就会带着望远镜转动并最终指向猎户座大星云的位置，此时赤道仪就已经在以地球转速来同步运行了。但这时还没有启动导星，赤道仪尚未具备眼睛和大脑，所以还不能拍摄。导星每次都是马鉴来操作的，他在导星软件里选择一颗清楚的星点，这样软件就能分析它的偏离情况并控制赤道仪与之同步，这时就可以拍摄了。软件在导星的过程中会显示两条不停刷新的曲线，如果曲线靠近中央且摆幅很小，那说明跟踪很准，最后拍出来的照片中星点也会很清楚。

　　但这毕竟是理想的情况，一旦赤道仪平衡做得不好，或者当晚有风，或者赤道仪马达本身的缺陷，或者导星系统成像不是很清晰，等等，任何一点小的因素都会导致导星曲线震动。那天夜里我和马鉴从头到脚都冻透了，但我们谁也不想进屋，仍然围着炭火坐在院子里守着电脑屏幕，一旦发现导星曲线异常，就要决定是否放弃这张照片而重新拍摄。买来的食物和物资，能吃的都吃了，能烧的也都烧了，看着袅袅的轻烟很快消散在星空里，如同我们周围的热量一样。

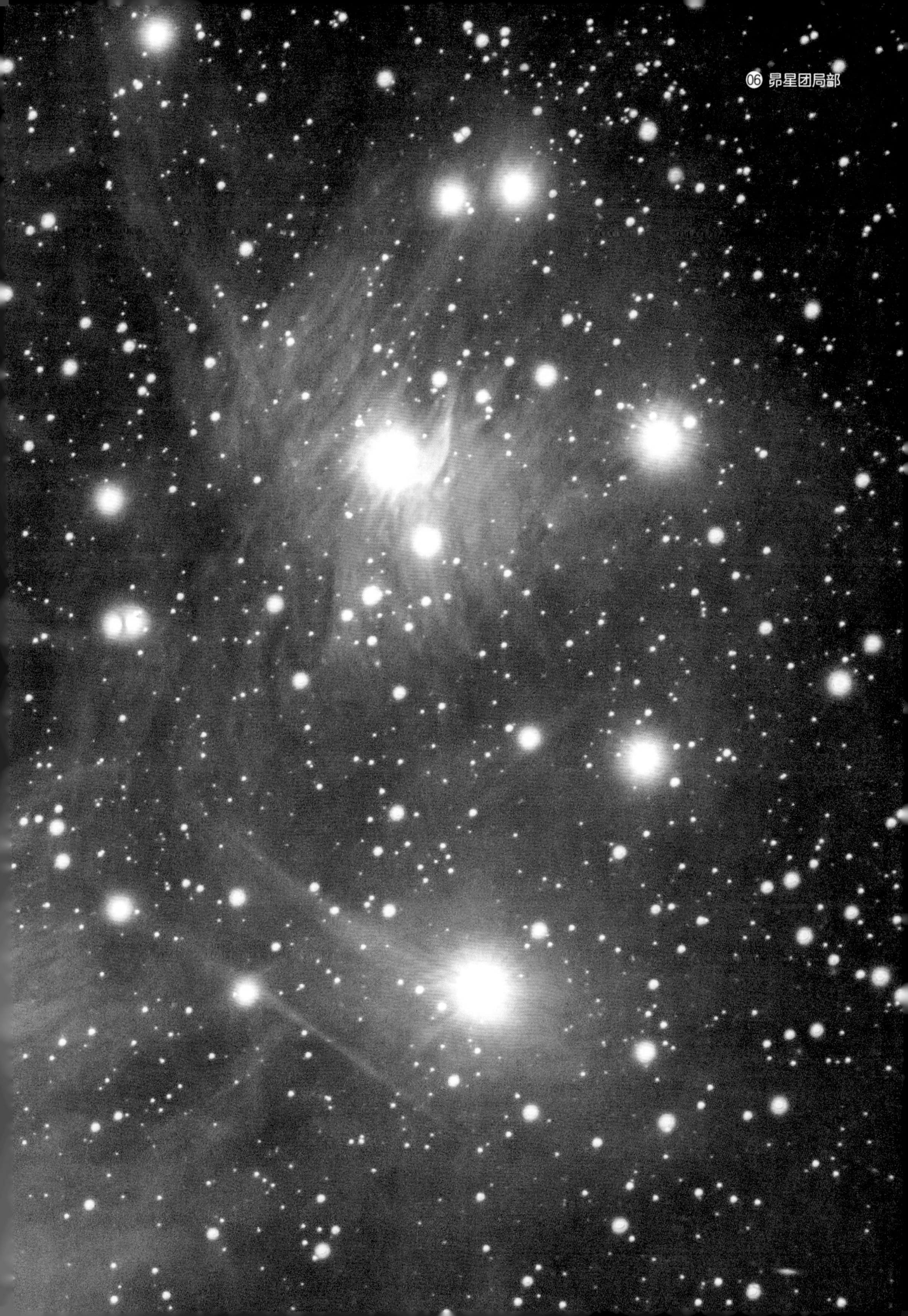

⑥ 昴星团局部

07 玫瑰星云

快到凌晨总算拍完了，我们赶紧躲进屋子，衣服也不脱就钻进羽绒睡袋，开始处理刚刚拍到的照片。随着一张张的叠加，一次次的降噪，美丽的深空天体全都展现了绚丽的色彩。猎户座大星云像一只仰着头的火鸟，耀眼的胸口是银河系里离我们最近的诞生地；有七姐妹星团美誉的昴星团，其七颗夺目的亮星将周围的星云映成蓝色，丝丝缕缕的云气在恒星间缠绕，不得不让人佩服宇宙惊人的想象力；猎户座的马头星云和麒麟座的玫瑰星云则反映出一种难以置信的巧合，它们一个像前蹄抬起的骏马，一个像在太空中刚刚绽放的玫瑰。看着这些美丽的深空天体照片，若不是我们亲自拍出来的，真会让人疑惑是不是出自哪位印象派大师之手。

☽

那年秋冬我们去了好多次小院儿，每次都是凭心情选择拍摄的目标，每次也都收获了满意的成绩。除了我和马鉴，美学大师李涛也经常来与我们一起活动，还有我拍星群里的那些朋友，夏天没事就过去乘凉，秋冬则点起炭火围炉观星。然而一年中拍摄深空的次数毕竟还是少数，后来马鉴家添了小儿子，我俩就很少再一起去小院儿了。从那之后，我逐渐转向了星野摄影，一开始在北京附近，后来越走越远，去草原，去戈壁，去太平洋，去南半球，追逐灿烂的夏季银河和耀眼的冬季星空。不过我依然把这套深空装备放在后备厢里，但凡有合适的机会我就可以随时拍起。经过在小院儿的磨练之后，我已经能很熟练地安装和调试，不会再在前期准备工作上花太多时间。重点是，只要有它们在车里，就好像手里一直有可以添加的木炭一样，走到哪一片星空下我都很安心。

Encounters At
Wangjing Platform
望京台的偶遇

我们所在的银河系是由无数恒星组成的盘子状星系，太阳系位于盘子的边缘，因此从地球上观察银河，就如同从侧面去看盘子一样，看到的应该只是一条耀眼的带子。但是因为银河系里有无数不发光的暗星云，它们挡住了耀眼的星带，却又被附近的星光照亮，所以银河看起来更像一只张牙舞爪的怪兽。这只怪兽横穿天际，跨度甚广，若是与地景一起搭配，在中短焦或者广角镜头里会是很精彩的画面，因此这种主题的风光摄影被称为星野摄影。

☾

2017 年 2 月的一个午夜，万里无云，我独自一人出门拍摄星野，目标是春季银河。所谓春季银河其实就是银河系的中心，那是银河最绚烂的部分，也是星空摄影师最迷恋的景色。随着地球的公转，每年秋末银河中心都会淹没在日光下，直到几个月后才再回归。所以对于星空摄影爱好者来说，春季银河像久违的老朋友一样，特别值得期待。空荡荡的北五环上，我边开车边在脑海里搜罗位于北边山区的可选机位，不停地思考如何去安排路线，以便在凌晨 4 点多的时候找到一个满意的拍摄场所。

09 春季银河拱桥

☾

　　这个季节的银河，像贴在地平线上的一个巨大的呼啦圈，其银心在日出前两三个小时会从东南的地平线出现，所以要找一个东南方视野较好并且没有光害的地点，我首先想到的是北京密云城区以东的区域。那里近处有一个欧式的城堡，远处是连绵的山脉，应该比较适合拍摄春季银河。城堡叫爱斐堡，是红酒品牌张裕旗下的酒庄，酒庄里也有酒店，我住过几次后，对周边的环境一直印象深刻。但拍摄银河对光污染的要求很高，即使肉眼能看见星星的地方也未必能拍出银河，由于我没有在爱斐堡附近拍过星空，所以对那里的环境并没有多大把握。爱斐堡离北京市中心 60 多公里，不过深更半夜高速上没有几辆车，所以我很快就到了。我在酒庄西侧的一条公路上停好车，下车看着路东侧刺眼的路灯，心里一沉。果然，不管我如何张望，城堡的方向在灯光的对比下都如同一个黑洞，里面什么也看不到。我拿出手机反复查看地图，发现这条路是唯一一个可行的角度，看来今夜的爱斐堡银河是拍不成了。

　　我沮丧地回到车里，顺着国道慢慢往回开，边走边盘算着周围还有没有什么地方可以尝试。爱斐堡的遭遇其实很常见，因为拍摄银河需要长达十几二十秒的曝光，任何一个小光点都会被放大成耀眼的光源，所以很多地景在白天看起来特别合适，但在夜晚则会因为一两个灯泡而毁灭。这也是为什么摄影师会更偏爱自然风光作为地景的原因，建筑物在星野照片里的出镜其实并不多。但即使是自然风光也并非一直都是净土，有不少多年前堪称经典的景区，比如金山岭长城、月亮湖、泸沽湖等，也在近年的开发中相继沦陷，这不得不说是暗夜资源的一大损失。

　　思考间我已驶入了密云城区，沿着白河向北，看见远处慢慢显现的山影，我心里已经有了主意。密云区的北边是密云水库，水库再往北就是一片广阔的山区了，那里是军都山脉，位于燕山山脉和太行山山脉接合处，北京北边的四个辖区都与这条山脉相连。车开到水库附近就已经上了山，车头向西，走在了一条叫作琉辛路的省道上。琉辛路仿佛是沿着白河流经的方向、从大山的北坡上刻出来的一样，左边贴着陡峭的山壁，右边则紧邻着山谷。路的走势时缓时急，一会儿爬上高坡，隐约看得见山谷另一边与我平行的山峰；一会儿又下入谷底，在潺潺的水声中穿过沿路而建的村落。因为路在山的背阴面，所以虽然隆冬已过，路的两边却仍有积雪。尤其走在高处时路面上还有薄冰，以至于可以通行的区域很窄，若不是半夜三更这里除了我再没有第二辆车，还真是比较危险。

　　　　　　　　　星月下的守望者

　　琉辛路连接着密云和
怀柔两个区，我要去的地方
就在密云靠近怀柔的边界，
是一处高高的观景台，叫作
望京台。望京台修在山路向
东北方凸出的一个拐角处，
站在台上可以俯视山谷，正
对着白河在这里拐的一个 U
字形的马蹄湾。一个月前我
拍摄象限仪流星雨的地点就
选在了望京台，用马蹄湾作
地景，在凌晨的冷风里捕获
了三两颗明亮的流星。这里
朝北的视野很好，是拍摄北
边天区的绝佳机位，不过因
为望京台向北凸出得比较
多，所以朝东的视野还算开
阔，即使南面就是大山，也
可以勉强拍摄春季银河。

❿ 望京台的象限仪座流星雨

⓫ 望京台的银河中心

凌晨 2 点多钟的时候我到达了望京台，远远地瞧见台下突然亮光一闪，着实把我吓了一跳。仔细看才明白，原来台下面停了一辆车，我刚才看到的是被车身反射回来的我自己的远光灯。我经常一个人在山里拍星，从来没在这样偏僻的地方遇到过别的人，一瞬间我的脑海里闪现过无数种解释，不过最有可能的应该是和我一样的摄影爱好者。于是我放慢速度，把车停在了它的旁边。下车后我没有着急拿设备，先开着头灯，沿着台阶慢慢往上走。正在这时上面传来一个男人的声音："别开灯，拍星呐！"一听这话我的心放下了，便关掉头灯大声回应了一句："好的！我也是！"

⑫ 拍摄银河

　　来到台上发现对方只有一个人，借着星光看去好像比我年长一点，是个大哥。他的相机和脚架摆在台中间，脚架旁边是相机包，看样子确实是个摄影师。我向他打了一个招呼，故意说了几句比较内行的话，表示我真的也是一个摄影师，然后我们才彼此放下戒心慢慢聊了起来。谈话得知这位大哥姓童，比我要大好几岁，算得上是我的前辈，今夜也是特意来望京台拍摄春季银河的。童哥说远远就看见了我的车灯，本来以为是赶夜路的过客，却谁知来到台下居然停了，大半夜在这荒郊野外的难免有些瘆人。然后我们就边笑边谈论着各自在夜里拍星时的奇遇，并感慨这样的偶遇真的算是缘分，我也得空回去拿了装备，与童哥一起拍银河。

之后我们交流了很多拍星的经验，聊到了各自使用的赤道仪，以及对光害滤镜的感受。光害滤镜是一种可以过滤某些特定波长段的滤镜，由于很多城市灯光的波长段与星光有所不同，所以利用滤镜可以从某种程度上压制光污染。提到这个是因为望京台朝东南的地方有来自密云城区的光害，我当晚正巧带了一片宇隆的重光害滤镜，所以我们边拍边测试效果。重光害滤镜适合在光污染特别强烈的环境下使用，记得有一次我在定都峰上用了它，竟然拍出了北京城上空的银河。不过光害滤镜虽然可以从某种程度上更加突出了银河的细节，但它也是一把双刃剑，由于过滤了某些颜色的光，使得拍出来的照片有明显的偏色，所以后期需要大量的工作来调整。不过密云的光害相比北京市区而言要微弱很多，拍摄出来的效果更加令人满意。

除此之外，我和童哥也交流了各自以往的拍摄成果，也谈及了星野摄影师的圈子。我当时有一种感觉，在北京有很多星空摄影爱好者圈子，彼此间可能并没有任何交集，但却有同样的追求和信念，两个陌生人会因为同一个爱好一见如故，这就是最好的证明。之后的很多年我和童哥虽然未再见面，却一直保持着联系，童哥后来工作原因调去了新疆，有次闷闷儿和肉堆去新疆参加拍星活动时还遇见了他，并且聊到了我们的这次偶遇。肉堆告诉我，童哥跟他说那天晚上他看见我从台下上来时，他连防身的刀都抽出来了……大笑之后我仔细想了想，星空摄影确实是一个有风险的爱好，在野外比坏人更值得担心的其实是野兽，我走夜路的时候经常看见野狗，有时甚至是野猪或者蛇，相信每个星空摄影师都能讲出一堆的奇怪经历。与银河系相比，狂野的大自然才是真正的怪兽，但这也许就是星野摄影的魅力所在吧。

The
Observatory
In
Bulaotun

不老屯观测站

⑭ 日落远景

自从 17 世纪中期伽利略第一次把望远镜对准了夜空，人们便开始对观测宇宙产生了兴趣。几百年来，随着镜片工艺的发展以及望远镜结构的改进，我们用双眼看到了越来越多的真相，人类甚至把望远镜发射到地球的轨道上，让我们看清了很多位于深空的奇幻天体。但是，这些望远镜都是用来观测可见光的光学望远镜，而如果要发现和研究特殊天体，比如脉冲星、类星体或者宇宙微波背景辐射，则需要用可以接收天体无线电波的装备，也就是射电望远镜。

⑮ 不老屯观测站的 50 米射电望远镜天线

星月下的守望者

射电望远镜是利用天线来收集电磁波的，比较常见的天线与光学反射望远镜相类似，也是用一个碟形的反射面将电磁波反射到一个公共的焦点，所以反射面的面积越大，天线的灵敏度也就越高。位于我国贵州的 500 米口径球面射电望远镜（简称 FAST，俗称"天眼"），是世界上单一口径最大、最灵敏的射电望远镜。它由我国天文学家南仁东构想，由中国科学院国家天文台主导建设而成，截至 2020 年 11 月底已经发现了超过 240 颗脉冲星，是世界一流的天文设备。除了天眼这样固定在地面上的单一口径望远镜，还有能够随意转动的射电望远镜，以及利用部署若干天线来扩大接受面积的射电望远镜阵列。这些先进的设备不仅为天文观测贡献作用，也吸引了包括我在内的星野摄影爱好者，因为巨大的天线造型独特，如果与星空搭配的话可以象征探索宇宙的精神，是非常理想的地景。幸运的是，离我不远、在北京密云区的不老屯镇就有这样的一个射电望远镜基地，我曾多次去那里拍摄，每次都有令人难忘的经历。

🔞 不老屯天线阵列与月落

不老屯这个名字听起来有些浪漫，是位于密云水库的北岸的一个小镇，国家天文台密云观测站是不老屯镇的一个重要的设施，吸引了很多人慕名而来，其中也包括我，不过我直到几年前才第一次去不老屯观测站，我记得那也正巧是武仙座流星雨极大值来临的时候。

2017 年 5 月底的一个晚上，我照旧独自开车在密云的山里寻找拍星的地方，而好友王骏正在微信群里说起拍武仙座流星雨的事，当时他就在不老屯。我离那里其实并不远，于是就决定去找他一起拍。从密云城区到不老屯走的也是琉辛路，只不过是与望京台相反的方向，

一路上经过的都是密云水库北岸的山路。进入不老屯镇后，我放慢了车速努力朝南张望，但因为不知道望远镜离路边到底有多远，天线到底有多高，所以我根本看不见它们的影子。我顺着导航从一个岔路口拐向南，然后在一条窄窄的田间小路上慢悠悠地开着。走了一阵，突然间我发现车头前方不远处有一个红色的亮点，便急忙踩住了刹车。正在纳闷时，只听到有人大喊"关上车灯！"，我才意识到那个红点应该是台相机，于是急忙熄火关灯。待双眼适应了黑暗，我才发现我的周围全都是这样的相机，以及数不清的人影，如一场乡间田埂中的聚会般热闹。

☾

我充满歉意地下了车，还没等道歉的话说出口，便看见几步之遥的巨大天线。那是个十几米高的庞然大物，像一口由网编织成的大碗，碗口朝天对着繁星。借着微微的月光，我发现在它的右边十几米处还有架一模一样的天线，顺着它再往右看，是一排间隔相等的天线阵列，总共有十几架。后来得知，这就是密云观测站的米波综合孔径射电望远镜阵列，实际上在我左边也有十几个，一共 28 台，应用于行星际闪烁、脉冲星以及太阳活动等的观测。这一排望远镜天线每个都是口径 9 米的巨型大碗，天线阵全长有 1164 米，怪不得在夜里一眼望不到头。与王骏碰面后，他告诉我左边有台更大的望远镜，顺着他手指的方向我看到了一个更加壮观的黑影，和它比起来我面前的 9 米天线就像个孩子一样小巧。在它下方密密麻麻围了许多的人，大家散落地站在光秃秃的玉米地里，每人身旁都有一台相机，红灯此起彼伏地闪个不停。不过我倒是更喜欢我面前的这架天线，也许因为第一眼被它震撼到，抑或是这里的人相对较少，所以我选择了它作为我的拍摄目标。

不老屯的日月星辰，还有我的首次航拍。

⓲ 不老屯射电望远镜天线与银河

☾

　　透过网状的大碗，后面是自左上往右下倾斜的银河中心，星星在网格里穿梭，星光因为衍射而闪烁不停。月光在西边的山头上慢慢落下，柔和的光线洒在天线上，相当于给它们补了光，让它们在照片上结构清晰而立体，我也趁机用长焦对准月亮，拍摄了一组月亮在碗里下山的镜头。那天我们在不老屯一直拍到凌晨，虽然没有看到武仙座的流星，却收获了很满意的银河照片，所以并非白跑一趟。那次去不老屯因为是在夜晚，对附近的环境并没有整体的概念，所以未免有些可惜。不过那晚也让我见识到了不老屯的受欢迎程度，因此即使有所遗憾我也没有急于弥补，对我来说一个清净的拍星环境可能比景色本身要更加重要。直到两年之后的一天下午，我因为午夜要去机场接机，在此之前实在无事可做，所以才想到再去不老屯拍一回。

⑲ 聆听宇宙的 9 米天线

○

这次是在临近中秋节的月初，田里都是茂盛的庄稼，与之前的感受完全不同。我刚从不老屯镇拐进田间，远远就看见了两个巨大的望远镜，其中一个是我上次没有注意到的，看体积在密云站所有天线中稳拔头筹。走近之后我才注意到它正发出阵阵轰鸣声，巨大的碗面朝着西方的天空，貌似正在工作。我恍然大悟，原来它就是那台在我国嫦娥探月工程中有重要角色的射电望远镜，参与着嫦娥4号的地面数据接收工作。这台望远镜的天线口径有 50 米，巨型反射面被夕阳映得通红，固定在稳固而精准的钢架上。不用问，它瞄准的方向一定是月亮，此时的月亮细如钩，在阳光下用肉眼根本无法看见，却逃不过射电望远镜灵敏的天线。太阳落山后，月亮显现了出来，不多时，月亮也消失在地平线下方，大碗这才发出一阵轰鸣，迅速转回仰面朝天的姿势，结束了一天的工作。

❷⓿ 日落中的 40 米天线

㉑ FAST 的原型

）

　　这一次拍摄没有流星雨之类的特别天象，天气也并不是很好，所以当晚来不老屯的人寥寥无几。我也因此得以来到 9 米天线的正下方，近距离观察了这些让我印象深刻的巨大设备，它们虽然已经不再服役，但昂起的天线让我不难回想起它们曾经的样子，像一只只巨大的耳朵静悄悄地聆听着宇宙。至于那台 50 米望远镜，因为它建在观测站内部的院子里，所以我只好远远地放起无人机，将它和院子里的其他设备拍了一遍。回来后我把视频发到群里，其中一个设备被国家天文台沙河观测站的克留一眼认出，他在截图里将 50 米望远镜旁边一个仰面固定在地面上的小锅圈起，兴奋地告诉我们，这是在建造 FAST 之前按其同样的结构等比建设的、用来测试 FAST 的原型。可惜我当时并不知道这个重要信息，否则定会让飞机再飞一会儿，多拍几张它的照片。不过这次我也忧虑地发现，相比两年前，南边密云水库方向的天空要亮很多，这说明密云城区的光比以前更加强烈了。照这个趋势下来，也许有天不老屯会成为下一个被光污染淹没的拍星胜地。还好这只是星空摄影师的担忧，而对于以电磁信号为捕捉目标的射电望远镜来说，丝毫不受光污染的影响。只要它们的"眼"前没有电磁信号的干扰，它们就可以继续工作，要不怎么说二十一世纪是属于射电望远镜的时代呢。

　　　　　　　　　星月下的守望者

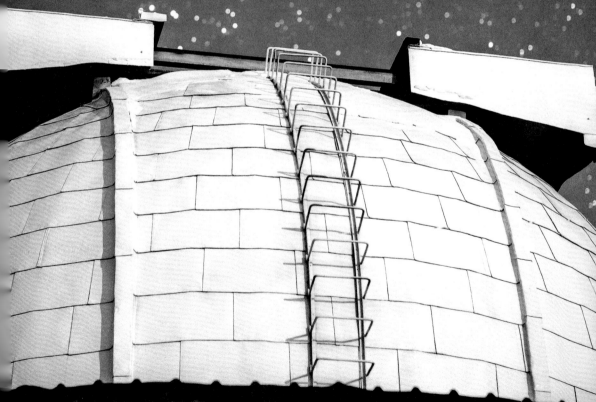

The Winter Milky Way

At Xinglong Station

兴隆观测站冬季银河

㉒ 望远镜圆顶上的昴星团

北京西临太行山，北接燕山山脉，进入山区几十公里之后便可远离城市光害、仰望灿烂的星空。西边的花台和灵山、西北的海坨山、北边的望京台与喇叭沟门、东北方向的不老屯、金山岭与兴隆站等，这些都是星空爱好者们耳熟能详的拍星胜地。但其中地景最有意义、在天文界最有影响力的还要属兴隆站，也就是国家天文台兴隆观测站。

☾

2019 年 11 月底，我参加星空摄影师戴建峰组织的拍摄活动，与新华社摄影记者王俊峰以及好友闷闷儿、肉堆一起，去兴隆站拍摄了一次冬季星空。虽然我以前去过很多次兴隆站，但晚上留下来拍星空这倒是头一回，所以还是蛮期待的。兴隆站是光学望远镜观测基地，有 9 台巨型的光学望远镜，是天文爱好者们很喜欢拍摄的建筑。站里对于光线的控制非常严格，天黑后汽车是禁止在站里开大灯的，所以我们下午早早便从北京出发，一路上开得很快，晚饭前赶到了兴隆站。11 月的北京还不算太冷，但对于深入山区的兴隆站来说已经入冬了，这里前一天刚下了场雪，雪后温度骤降且刮起了大风，寒冷至极。不过冷空气也将天空吹得干干净净，这对拍星空来说也是件好事情。负责接应的老师已经为我们安排好了食宿，我们在食堂吃过一顿丰盛的晚餐后，就去搬运行李和设备。我们住的楼叫作迎宾楼，离食堂并不远，但沿途没有一盏灯是开着的。由于到处是白茫茫的雪，所以走在外面并不觉得有多暗，反倒是迎宾楼里漆黑一片。我们进入楼后打开头灯，将灯光调至最暗，迎面看见一个禁止喧哗的牌子，带路的老师告诉我们，这是因为站内的工作人员都是日夜轮班，全天每个时间段都有人在休息。我们蹑手蹑脚找到了各自的房间，才终于打开房灯见到了光亮。这里的住宿条件很好，房间与城里的酒店一样舒适，唯一不同的是窗帘非常厚，而且是紧紧合上的，我们被告知晚上绝对不能打开窗帘，以免影响站里设备的观测活动，好在我们并没有开窗帘的需求，在房间里也只是为一会儿的拍摄做准备。

㉓ LAMOST 黑白

☾

我们都有丰富的野外拍摄经验，深知这样的夜晚温度会特别低，所以穿衣方面丝毫也不敢懈怠。在冬季拍星空一定要注意穿衣的规则，最内层要吸汗，中间层要保暖，最外层要防风防潮。现在一般的冬季户外冲锋衣都是符合要求的，都是用羽绒或者棉芯作为保暖的内胆，自己也可以根据实际的需要来加厚保暖层。比如我就额外在羽绒服里加了一件羽绒背心，下身也穿了两条秋裤和一条棉裤。但是相比衣裤而言，头部、面部、手部和脚部的保暖更为重要，任何一个地方没有照顾好，都有可能成为全身的短板。所以我戴了一顶抓绒里的毛线帽，前面盖住眉毛、两侧扣着耳朵，面部和颈部用羊毛围巾裹住；双手戴着羊绒手套，既保暖又方便操作设备；双脚则套了两双羊毛袜，外面再蹬着一双轻便且隔热的羽绒靴，从头到脚武装到了牙齿，这基本是我穿过最厚的装备了。大家也都换了重装，闷闷儿和肉堆甚至套上了防寒程度可以达到零下100摄氏度的雪地靴，在这样的环境里一点也不夸张。

兴隆观测站共有9台巨型光学望远镜，分列在主路南北两侧的山坡上，我们从迎宾楼里出来后便直奔北坡的方向，因为那里有著名的LAMOST，即郭守敬望远镜。在食堂所在的综合楼旁边有一段陡长的台阶，通向望远镜所在的山坡。我们穿着臃肿的衣装，两只手又都拿着沉重的设备，爬起来比较辛苦，幸亏台阶上的雪已经被站内的工作人员清扫干净了，所以并不危险。台阶顶端有一条小路，两边都是高大的松树，踩着路上的雪没走几步就来到了一座两层楼高的圆顶建筑下面，从大家的谈话中得知，这里面是85厘米反光望远镜。这架望远镜从兴隆建站的时候就有，最早是40厘米双筒折射望远镜，后来改造成了 85 厘米卡塞格林反射望远镜，从事的是变星的测光观测。2007 年底国家天文台与北京师范大学合作，对它又进行了一次升级改造，之后它也被称作"国家天文台 – 北京师范大学望远镜"（简称 NBT）。我与闷闷儿、肉堆决定在这里拍一下这台望远镜，于是我们就分成了两组，其余人跟着戴建峰继续沿小路往 LAMOST 的方向去了。

此时 85 厘米望远镜正在工作，圆顶从中间分开了一条窄缝，里面透着微弱的红光。我在离他十几米的地方选了个位置，将三脚架深深扎在雪里，用一台相机来试拍。当晚的月相是上蛾眉，月光与雪地一同起到了给建筑物补光的作用，观测站里也没有刺眼的光源，所以拍摄效果很让人满意。不一会儿闷闷儿和肉堆也往前走了，我便独自走到望远镜的另一边，在来时的小路旁架起了一台设备拍延时，准备捕捉它圆顶旋转的动作，然后也沿着小路追其他人去了。

❷❹ 工作中的 85 厘米望远镜

㉖ 60 厘米望远镜

☾

  85 厘米望远镜前面是施密特望远镜，是 1992 年由陈建生院士发起并组建、由北京天文台（国家天文台前身）主导的 BATC 大视场多色巡天计划的观测设备，施密特望远镜也在一个圆顶建筑里，与 85 厘米望远镜的楼大同小异。从施密特再往前走是 60 厘米和 50 厘米反光望远镜，两台望远镜离得很近，且都是深藏在茂密的松林里。其中 50 厘米望远镜的建筑很小，若不是听见了在它附近相机的啪嗒声，我差点没有注意到它。这几台望远镜我都没急着拍摄，因为月亮就要下山了，我打算用 LAMOST 作为前景拍一张月落的画面。走过 50 厘米望远镜后就来到了一片开阔地，右手边有座大一点的建筑，两端各有一个圆顶高台，对照地图得知这是 1 米反光望远镜的楼。站在空地向西望去，月光里有一个巨大而熟悉的黑影，那就是 LAMOST 郭守敬望远镜。LAMOST 的建筑特点是在圆顶楼的旁边有一个倾斜的筒状楼，筒的一端对着圆顶，另一端向上对着天，两端由巨大的楼身托起，好像两只手臂举起一个巨型的单筒望远镜，而圆顶则像一只正在透过它观察天空的大脑袋。可实际上LAMOST并不是按照这样的逻辑在工作，光线并非透过巨筒进入圆顶，而是恰恰相反，星光是先进入圆顶然后再反射进巨筒，最后到达深藏筒内的由若干六角形球面镜拼成的直径超过6米的主镜。这台巨大建筑的全称是大天区面积多目标光纤光谱天文望远镜，在这个领域里处于国际领先的地位，2010年它被冠名为"郭守敬望远镜"，截至2018年6月它完成七年巡天项目的时候，获取光谱数超千万，是世界上第一个达到这个量级的光谱巡天项目。

月亮终于降到LAMOST的高度，却躲进了不知何时出现的云里，直到落山也没有再露面，我的拍摄计划泡了汤。从一张试拍的照片里我看到LAMOST巨筒底端的盖子是打开的，它此时应该正在工作。可是我注意到月落之后西边的天空依然很亮，那是来自5公里外兴隆县城的光，在这样的光污染下LAMOST该如何工作，这不禁让我深深地忧虑。

LAMOST并非是最靠西边的一个，在它前面还有一台2.16米反光望远镜，是一台功能完备的通用型天文望远镜。星空摄影爱好者对它也很熟悉，可能是因为它的建筑物表面有一个环绕上升的观景梯，可以登高远望LAMOST以及其他的几台望远镜。但是当晚我并没有走到2.16米望远镜那里，我在LAMOST脚下支起另一台拍摄延时的相机后，便因为太冷而躲回车里，之后便在车的尾部支起望远镜拍了半宿深空。第二天白天我们去兴隆县城买了补给，我又给自己添了一双皮手套，一顶把整个脑袋包得只剩眼睛的帽子，还有一条羽绒裤，晚上继续在严寒里奋战。这一晚我终于爬上了2.16米望远镜的旋梯，从几十米高俯瞰了兴隆站的夜景以及那几台巨型望远镜，也拍了一些照片和延时。

国家天文台兴隆观测站

我们从很原始的时候就懂得，天上的星星远于任何千山万水，遥不可及，但人类追求真理与探索太空的精神却从不懈怠。这种精神，当站在几十米高的天文望远镜下面仰望星空时，才会有更深刻的感受。3名摄影师，6台相机，7个小时，12段延时，98秒，带您体会国家天文台兴隆观测站的一夜斗转星移。

参考资料：兴隆观测站官网（http://xinglong-naoc.org/）

两个夜晚的拍摄让我收获了很多作品，尤其是拍摄85厘米望远镜的那个延时，画面里望远镜的圆顶好像活了一样，它打开的那条缝隙如同一只窥探宇宙的眼睛，随着星光快速地转动着，充满了活力。其余所有朝向东北方向的照片也都非常好，冬季银河以及猎户座、双子座这些冬季星座特别清晰，但是朝西和朝南的照片就要相差很多，主要还是因为城市的光污染。

回京之后我也查阅过一些新闻，了解到国家天文台曾和国家环保部取得联系，希望通过建立保护区的方式对夜天光进行保护，但兴隆是一个需要发展的贫困县，改造灯光的费用之高让县政府也十分为难，也许正是由于这些原因，诸多保护措施一直没有得到落实。这样的光污染一度让兴隆观测站处于一种困境，这些耗资巨大、硕果累累的巨型望远镜有着令人担忧的未来，也许将来天文学家在建设新的光学观测站时，不得不到渺无人烟的地方去选址；或许某一天暗夜资源会被立法保护，人们会如同保护水源、森林和物种一样守卫着头顶的夜空。

❷❽ LAMOST 与兴隆县城的光害

《《《《 草原 》》》》

The Milky Way's Eye
In Mingantu

明安图银河之眼

在内蒙古自治区锡林郭勒盟正镶白旗，有一个叫明安图的镇，它风景秀丽，民风朴实，是清代著名天文学家明安图的故乡。在明安图镇附近的大草原上，建有一处天文观测基地，即国家天文台明安图观测基地，部署了中国的草原"天眼"——明安图射电频谱日像仪。我曾去明安图观测基地拍过几次星空，并且有幸见过两次很奇特的自然现象。

☽

第一次是在 2019 年 5 月底，农历也是月尾，我和几个朋友去明安图拍摄"银河之眼"。"银河之眼"是一个天文奇观，是指在广角视野下呈现拱桥形状的银河，与其拱桥中心地平线上的蛾眉月共同组成的景象。银河

❸⓪ 明安图天文台的天线阵列

拱桥构成了眼睛的形态，月亮为其点睛，所以称作"银河之眼"或者银河拱月。这样的构图需要银河的位置不能太高，月亮不能太亮且位于拱桥的中心，在北半球只有春季银河与初生的下蛾眉月可以组成这样的画面，因此北半球的"银河之眼"也叫作银河月升。银河月升的拍摄时机是在每年的上半年，一般是农历二月至四月的月末，而入夏以后的银河位置太高，这个"眼睛"就睁得太大而不适合拍摄了。

明安图在北京的西北，差不多 5 个多小时的车程，与我同去的还有好友闷闷儿与肉堆、水下摄影师王天虹以及泛景山地区拍月小王子郑老师，我们一辆车从天黑前出发，计划在午夜前赶到明安图镇。观测基地在导航软件里是找不到的，我们的向导是肉堆，他虽然不会开车，却对无数有名的风光摄影机位了如指掌，这一点让我十分佩服。我们沿着高速一路走，从太仆寺旗下来后走国道往明安图的方向，再顺着肉堆的指引折入草原，在一条弯曲起伏的小路上驰骋了十几分钟后，抵达了明安图观测基地。

明安图观测基地的射电频谱日像仪，其实是由 100 面抛物面天线组成的射电望远镜阵列，而在我们眼前的只是一小部分。这些天线不大，口径只有 2 米和 4.5 米，与不老屯的 50 米天线比起来，它们像宝宝一样小巧可爱，是名副其实的"天线宝宝"。这些天线虽然个子小巧，但功能强大，它们填补了太阳物理研究中对日冕物质抛射射电成像观测的科学空白，对研究太阳能量释放、日地空间环境和自然灾害的影响发挥了重要作用。不过此时在我们眼里，它们是绝佳的地景，这些天线彼此相隔几米，错落有致，在画面中的层次很好。我们分散在阵列的不同位置，各自的机器互不影响，选好方位后，大家就静静地等待着月升的那一刻。

　　明安图观测站远离大城市，周围的光污染很小，鲜有的光害来自明安图镇以及附近一些新兴的商业设施，所以夜晚的银河非常清楚。5 月底的银河已经很高了，从银心到仙后座有临近 180 度的跨度，像一条连通南北的巨大拱桥。桥的中央是由织女星、牛郎星和天津四组成的夏季大三角，此时已经接近天顶的高度，再过一两个月夏季大三角会在一入夜便到达这个位置，成为夏季星空的明星标记。正东地平线附近的天色已经渐渐发亮，那是即将露头的月亮，银河的眼珠呼之欲出。这时候大家已经开始忙碌起来了，我有一台接着鱼眼镜头的相机正以较低的姿态拍摄延时，有关银河流动、天色变化以及月出和月升后的光影移动都会被它记录。而我守在另

　　　　　　　　　　　　　　　　星月下的守望者

一台相机前，正在用 35 毫米焦距的镜头拍摄银河的接片。因为月亮出现后天色会迅速变化，如果那个时候才开始接片的话，每张画面的白平衡都会有微小的差别，对后期拼片会造成一定的影响。接拱桥的方法其实很简单，只需一排一排地像拍铺地砖一样的拍摄即可。我习惯的顺序是从左至右，从下至上，每两张之间重叠差不多 30%，习惯后根本不需要看云台上的刻度，只用取景框里的参照物做判断就可以了。我使用的是三轴云台，所以拍起来更加方便迅速，但是因为当晚的拱桥实在是跨度太大了，又要考虑画面里要给银河的两边和顶部留出一定空间，所以需要拍摄的照片特别多，我一共拍了 50 多张才把拱桥拍好，几乎拍满了半边天。

㉛ 银河之眼 - 初生的残月

☾

午夜过后，月亮终于跳脱了地平线的束缚，露出了刺眼的一角。月亮的出生立即改变了天与地的风格，"天线宝宝"身后的地面上出现了长长的影子，天线上的光影也有了明暗分界，而此时的银河已不如刚才那样清晰深邃。我将手里的相机转到月亮的方位迅速补拍，只要再将这几张照片与之前拍好的接片合在一起，就可以生成最终的图画了。

㉜ 月升后的拱桥

☾

我们这晚拍摄的"银河之眼"，可以说是赶上了末班车，是入夏之前的最后一次机会。照片里的"天线宝宝"们如同满地盛开花朵，在顶天立地的银河彩桥下，沐浴在温暖的月光中。与之相比，我冬天在明安图见到的景象则是另一种完全不同的奇观。2019年12月13日夜，我和闷闷儿、肉堆又驱车前往明安图观测基地，打算在一轮明亮的月亮之下试试运气拍摄双子座流星雨。双子座流星雨本来是一年中最壮观的流星雨，但受月光的影响，这一次注定了不会太好，我们此去明安图的目的，其实是借着拍摄的机会，会一下在那里负责观测工作的苏老师。

　　　　　　　　　　星月下的守望者

○

　　一下高速我们就发现到处都是白茫茫的，这里显然刚下过雪，进入观测基地后，眼前的一切都和之前看到的不一样了。铺满新雪的人地洁白无瑕，反射着月光照亮了"天线宝宝"，让它们呈现出了原本的白色。雪面一片晶莹，没有一丝脚印，我试踩了几步，雪层浅的地方没过脚踝，厚则快要到达膝盖，雪质相当松软。飘着雪花的空气也是冰爽至极，每吸一口都沁入心脾，对于一个离乡多年的东北人来说，我瞬时找到了童年的回忆。而当我们抬起头，发现了难得一见的景象，天上有很多飞机经过时产生的航迹云，像一条条银白色的丝绦，在天上缓慢地飘动。看来明安图这里有条航线，因为过往的飞机有很多，每一架都会留下长长的云，旧的云还未消散新的云又出现了，此消彼长非常壮观，这也足以说明当晚的温度有多么低。见到老朋友苏老师后，我们边喝酒边聊了起来。苏老师告诉我们，这样的雪在明安图常有，根本不算啥，倒是很多年前的一次暴雪让他印象深刻。那次的雪有半人高，他独自守在基地里好多天无法出去，直到外界用推土机把积雪一点点铲开。苏老师非常健谈，酒量也很好，戴着一顶蒙古特色的毛皮帽子，面目清秀却体格健硕，是个典型的蒙古族汉子。"真冷！"苏老师继续对我们说，冬天被封在这里不怕没吃没喝，就怕没电，曾有一次断了三天的电，其感受让他一辈子刻骨铭心。

〇

酒过之后，我们的身体也暖和多了，便出来查看相机。由于航迹云的出现，当晚我们的拍摄主题也由流星雨变成航迹云了，因为在这样的月光下拍流星实在是太难太难。不过在听完苏老师的经历之后再看这冰雪的世界，感受又有些许不同。我国的天文发展已位于世界前列，兴隆观测站的 LAMOST、贵州的 500 米口径"天眼"，这些设施的硬件与研究成果都是世界领先水平，明安图观测站的"天线宝宝"所组成的射电频谱日像仪，也与美国"帕克"太阳观测器双向印证、互相补充，为人类走向宇宙作出不可磨灭的贡献，而这所有的成绩都离不开在背后辛勤观测和研究的科研工作者们。对于我们这些偶然来拍拍星空的人来说，这是美丽的地景，而对于苏老师这样在草原上坚守十几、二十年的科研工作者而言，则是一生的付出。我不禁想到，如果几百年前的天文学家明安图穿越至今，也一定会为他们而深感欣慰和自豪。

1

2

3

1. 2019 年 5 月 28 日凌晨 1 点 50 分左右在**国家天文台明安图观测站**拍摄的一次**"银河之眼"**奇观。当时月亮在宝瓶座（也就是水瓶座）附近露出地平线，月相是只有 30% 的渐亏凹月，亮度不足以盖过绕在周围的银河。正因如此，月亮（编辑补充：视频后半段从中间升起像太阳一样耀眼的就是月亮）和银河在东面夜空构成了一个顶天立地的大眼睛，非常之壮观。

2. **明安图天文台**，寒风刺骨，星空却更加灿烂。视频为两次延时的合剪。

3. 来体会一下昨晚我在明安图天文台看到这番景色时的心情。

❸❹ 航迹云后面的月光

35 英仙座流星雨

Meteor Shower
On Grassland

草原上的流星雨

2017年8月12日夜，在内蒙古集宁区以北的高速路上，一辆载着三人的越野车正在飞驰。车内是我与两位老友——李涛和马鉴。我们追逐的是夏季夜空中最壮观的焰火表演——英仙座流星雨。根据预报，今晚它的流量将达到顶峰。

英仙流星雨因辐射点位于英仙座内而得名，是北半球每年三大流星雨之一，每年都吸引着全球数千万天文爱好者为之奔波千里、彻夜不眠。虽然流星群进入大气层的方位可以确定，但它们变成流星后朝哪个方向划过天际却无法预估，所以观测流星雨最好是有一片完全晴朗的夜空。然而天气预报却不容乐观。8月12日这天整个东北、华北、华中，华南大部、西北西部乃至西藏大部都被云笼罩着，只有宁夏和内蒙古中部位于少云地带。这就是为什么我们从北京驱车400公里来乌兰察布的原因，因为它处在云区的边缘，也是我们带着家人出行的极限，希望多变的草原气候会最终给我们带来一个晴天。

☾

　　我们按计划在 12 日中午出发，并于当天下午赶到了乌兰察布。一路上都在下雨，直到抵达集宁市郊才终于突破云区见到蓝天，我以为这一夜稳操胜券。但是没过多久，草原就向我们展示了它善变的本性。晚饭后不知从哪里冒出来大量的云，在日落时烧红了半边天。然后云越来越多，顷刻间就占据了全部天空。我们迅速离开集宁，启程前往察哈尔右翼后旗，那里有先一天抵达的朋友李庚以及若干同好，他们一定提前找好了拍摄地点。但是出发不久李庚便打来电话，他所在的地方也没有幸免，不仅满天都是云，而且还有六级大风。所以我们只好沿着高速继续往北开，朝遥远的二连浩特游荡，期盼能在途中找到晴天。

　　已经离开集宁一百多公里了，再有十几分钟天就会完全黑下去，然后用不了一小时大月亮就会升起来照亮夜空，这中间的一小时是今晚最宝贵的拍摄时间。而此时，高速护栏在向后疾驰，草原连绵起伏，越来越暗淡，星光在数不清的白斑之间若隐若现。还要走多远才会遇见晴天？我们谁也不知道。

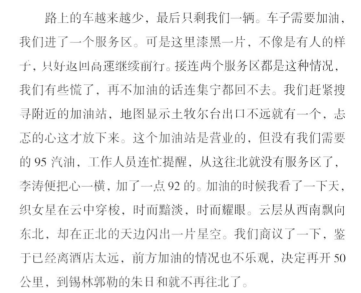

路上的车越来越少，最后只剩我们一辆。车子需要加油，我们进了一个服务区。可是这里漆黑一片，不像是有人的样子，只好返回高速继续前行。接连两个服务区都是这种情况，我们有些慌了，再不加油的话连集宁都回不去。我们赶紧搜寻附近的加油站，地图显示土牧尔台出口不远就有一个，忐忑的心这才放下来。这个加油站是营业的，但没有我们需要的95汽油，工作人员连忙提醒，从这往北就没有服务区了，李涛便把心一横，加了一点92的。加油的时候我看了一下天，织女星在云中穿梭，时而黯淡，时而耀眼。云层从西南飘向东北，却在正北的天边闪出一片星空。我们商议了一下，鉴于已经离酒店太远，前方加油的情况也不乐观，决定再开50公里，到锡林郭勒的朱日和就不再往北了。

乌兰布统草原上的银河延时，比起壮美的银河，我更钟爱木星在树枝间穿行的画面。

37 草原上的树

谢天谢地，经过入夜后两百公里的奔波，一路压在头顶的云层终于在距离朱日和十几公里处戛然而止。看着密密麻麻的繁星，我们三人欢舞雷动，瞬间恢复了生机。朱日和镇地处草原深处，东西南北都没有大城市。下高速后是一条东西向的小路，往西是军队训练营，往东则通往朱日和火车站。往东走了不远我们就找到一个满意的拍摄地点，难以压制内心的喜悦，冲进草原，扑向黑暗，在满天星斗下架起了设备。

38 夏季银河与生命之树 ⊕ 大图（见海报）

此时南方天边有一层黑压压的云，云里隐约有闪电，那是集宁的方向。东边草坡上也有一行云，里面透着亮光，那是月亮即将升起的地方。除此之外，夜空没有一点遮挡。银河纵贯天际，夏季大三角在头顶闪耀，银心在西南倾斜，和它相对的东北部天空，有一个垂直的"W"形星座，那是仙后座。在仙后座正下方就是万众瞩目的英仙座了，今晚的绝大多数流星，都会从这里射向夜空。我们把车摆在银心下方，用它作为前景拍了一张竖起的银河全貌，我打算用它作为此次流星雨照片的底图。

星月下的守望者

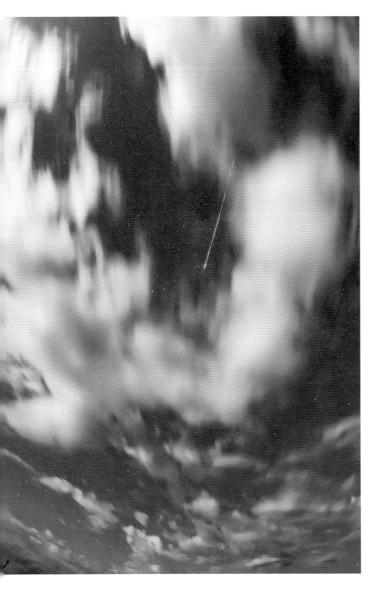

当第一颗流星从眼前划过的时候，我们都报以一声赞叹。不用问，我的相机一定拍下了这一过程，此时它正对准天顶，通过一枚视野将近 180 度的鱼眼镜头，对整条银河周期性拍照，任何流星都逃不过它的眼睛。顷刻间又是两颗，包括一颗亮度很高的流星，它像一枚绿色的礼花弹，在天顶附近绚烂绽放之后一闪而过，尾部直指英仙座。太好了！我们欢呼雀跃，几百公里的跋涉没有白费。这是我第三次拍流星雨，年初的象限仪座和春季的天琴座我都没有拍到多少流星，看来今天要丰收！

❹ 一颗英仙座的流星

可是流星出现得并不规律，它们像顽皮的精灵，总是在你不经意间出现在意想不到的地方，可遇而不可求。月亮正在天边加速升起，大有突破重云之势，在月光的干扰下，夜空明显变亮了，如此下去拍摄将会越来越困难。然而与月光相比，西南出现的云更让我们心烦。那云走得飞快，刚才还在天边，顷刻间就来到了头顶，并且不断向四周弥漫。起初云层很薄，透过云仍然又看到了三颗流星。可惜都不是那种噼啪作响，明亮到能把云照亮的超级火流星。李涛不断说起他十几年前目睹过的一场狮子座流星雨，闪耀着蓝绿光芒的大流星一颗接一颗从北京市郊的天空滚落，如庆典时的礼花一样壮观。我见过那场流星雨的视频，场面只怕比李涛形容得还要惊天动地。也许每一个熬夜拍流星雨的人，都心存期待，期待目睹一场大爆发。思绪间，云层越堆越厚，很快就密布头顶，恐怕就算真的放礼花也看不见了。我们从车里拿出零食，边吃喝边等待云散，马鉴拍起了云中月，李涛也在各种摆拍。大家等到凌晨两点，考虑一会还有两百公里的路要赶，所以尽管十分失望，也只好收拾装备踏上归程。

没想到草原的天气再次和我们开了个玩笑，往回走了没几分钟我们就又进入了晴空。我们在高速上一个叫作白银的服务区停好车，再次架起设备。既然老天爷又赏了一片晴天，那好好利用吧。月亮挂在正南的天顶，无遮无拦，那里什么也拍不到。相比之下北部天区要好很多，英仙座已升起很高，这正是拍摄辐射点的好时机。辐射点附近的流星一般都又短又亮，因为它们进入大气层时角度较小。这一点很快就被印证了，因为没多久在辐射点附近就有一个小爆发，我一分钟内拍到了 4 颗流星，颗颗全都是短亮的小光棒。

　　白银停车区如同它的名字一样富有佳运，算上这个小爆发，今晚我一共拍到了20颗流星。这让我本已困倦的神经再次兴奋，一直到启明星升起，一直到代替李涛开了两百公里的车回到集宁的酒店，一直到把所有的流星叠加入底图，一直到第二天午饭之后才合上双眼得以放松。

The
Meteor Shower
At Erlianhot
二连浩特的流星雨

每年临近 8 月的时候，天文爱好者就开始活跃起来，为 8 月中旬的英仙座流星雨做计划。2018 年的英仙雨正巧碰上一场日偏食，是一次完美的月相，为此我和群里的朋友们聚了好几次，来讨论理想的拍摄地。地点选择的大前提永远是天气，而似乎每年英仙雨前后的天气都是不稳定的，我们在分析了云图的走向之后，基本排除了东北、西南、华南几个区域，剩下的在考虑光污染等影响之后，就只有内蒙古中部和西部可以尝试了。闷闷儿和肉堆这一次准备去内蒙古西部，我无法安排那么远的行程，很遗憾无法同行。我要去的方向还是在锡林郭勒盟，打算在乌兰察布至二连浩特之间找个机位。与我一路的有新华社的两位编辑许杨和萌萌，另外还有好友晓娟，以及天文才女袁凤芳，别号芒果。另外当天同去乌兰察布方向的还有很多人，大家各自行动，约好到了内蒙古后再汇合。

☾

出发的时候北京正在下着暴雨，我们在雨里狼狈地装着行李，上车后每人身上都淋湿了大半。大家挤在租来的车内，把雨刷器开到最大，在盛夏的清晨瑟瑟发抖。但是一想到马上就要离开这个鬼天气，去几百公里外的草原享受阳光和星空，我们的心情就无比愉悦，一路高歌前往内蒙古。

我们的目的地是乌兰察布以北的苏尼特右旗，车经过乌兰察布后，两边开始出现了迷人的景象。湛蓝的天空下是无边无际的草场，大朵的云飘浮在半空，低得好像伸手就能碰到一样。阳光透过云朵的缝隙倾泻洒下，落在被雨水洗礼的青草上，如同一片片波光粼粼的绿色海洋。车在高速上飞驰，草场在两旁轻轻起伏，却没见到特别合适的前景。因为英仙座流星雨的辐射点比较高，这就需要有一个比较高的前景，而我们所到之处都是平坦的草原，要找一个在纵向有层次的地方确实不太容易。

㊸ 二连浩特附近的大草原

44 云隙光下的盐湖

中午左右我们抵达了苏尼特右旗，遇到了前一天赶到的李庚以及李庚的朋友燕卿。由于当天傍晚有日偏食，所以我们基本没做停留，放好行李后立即出门寻找地景。苏尼特右旗在锡林郭勒盟的西部，在乌兰察布和二连浩特的中间位置，我们根据云图判断南边的云量在傍晚的时候会减少，便沿着国道向南走。没走多远我们就在公路旁边发现了一个湖，湖的形状周正，湖水也比较干净，而且周围都是草坡，非常适合架长焦机位。我们把车停在湖边，拿着装备爬到东面的草坡上架了机器，此时太阳已经西斜，离日偏食发生的时间已经不久了。

在草原上与云赛跑中，匆匆出一个视频，昨天的**偏食日落**。

⑮ 日偏食与无人机

☾

　　西边天空蒸腾着云气，刚才还通透的地平线，顷刻间就布满了大大小小的云层，太阳在云里忽隐忽现，不知道能否坚持到日偏食的发生。隔着湖朝西望去，对岸是一片平坦的高坡，坡上有一条路，李庚跟燕卿两人嘀咕了几句之后，燕卿便离开我们去开车了。一会儿工夫，湖对面的高坡上便停了一辆车，原来是燕卿跑到那儿去给我们做前景。我们一边称赞李庚的想法，一边开始拍摄延时，平静的湖面将倾斜的云隙光倒映成相反的方向，水天之间是小小的燕卿，画面震撼而美丽。太阳越来越低，云也越来越厚，越来越红，透过云层我们看到太阳缺失的一角，说明日偏食已经发生了。芒果一直在后悔没有带上巴德膜，实际上我们谁也没有做好拍摄偏食的准备，因此几分钟后太阳躲进云层里再也没出现的时候，我们也并没觉得有多遗憾。

日落后天色迅速黑了下来，我们的头顶也出现了厚厚的云。李庚和燕卿决定先回苏尼特右旗，而我们决定开车一路向南去寻找晴天。但这次运气并不好，我们一直快走到乌兰察布也没有见到半点星光，只好无功而返，于午夜前后也回到了苏尼特右旗。拍摄英仙座流星雨的第一晚，我们没有成功。

第二天一早，群里的另一位星空摄影爱好者孙思医生和他的几个朋友也来到了苏尼特右旗，与我们一起边吃早饭边商量这一天的计划。大家看过云图之后，一致认为分开探路是一个比较好的办法，于是决定李庚和孙医生往东北方去苏尼特左旗的方向，而我这一队北上先去二连浩特再往左旗，各自在路上观察天气并寻找合适的地景。就这样我们一车沿着苏尼特右旗正北的一条快速路直奔二连浩特。二连浩特是位于中蒙边境的重要城市，是我国对蒙古开放的最大的公路和铁路的口岸，也是恐龙化石的盛产地，因此也有"恐龙之乡"的美称。从苏尼特右旗到二连浩特一路上都是在草原中间穿行，两边的景色翠绿怡人，空气格外清新。天气还算可以，头顶的云层之间能看到不少蓝天，但是在我们东边的天边却有很高的一堵云墙，从南一直延续到北，看不到边际。我们在中间找了一个地方下了高速路，沿着小路将车开进了一片草场。这是我们此行第一次进入草原中间，碧绿的青草沾着露水，散发着清香，铺满缓缓起伏的山坡，漫无边际。这里什么都好，就是地势略平，不太适合作为前景，因此我们短暂休息之后，继续上车往二连浩特前进。快进城区的时候，路两边出现了许多巨大的恐龙雕塑，它们散落在草间，虽然不是写实的设计风格，却也活灵活现。我之前在本地摄影师小贝的照片里见过这

星月下的守望者

些雕塑，今天才知道它们在哪里。进入市区时我看见了两只巨大的腕龙雕像，它们分别踩在公路两边，头对着头用长长的脖子在路的正上方形成了一道拱桥，我们从它们的脖子下面穿过，进入了二连浩特市。进城后我们直奔边境的方向，远远把车停在国门内，好奇地看着那些过境而来的蒙古车辆，奇怪的是见到的所有蒙古车都是同一种车型，类似吉普却比吉普要小很多。但是我们没有时间寻找答案，也无暇去看城里诸如恐龙博物馆等有名的旅游景点，因为地图显示我们离苏尼特左旗还有很远的距离，要赶过去和李庚等人汇合的话，我们的时间并不充裕。

㊻ 二连浩特的恐龙雕像

㊼ 超级雷暴单体（手机拍摄／李晓娟 摄）

○

　　我们从二连浩特东北方离开城区，走上了一条在建
的公路，车外下着雨，让本来泥泞的路面更加难走了。
但我们担心的并不只有路，来二连浩特路上看到的那堵
云墙并未消散，而我们此时要前往的正是那个方向。雨
越下越大，路面也越来越不平整，车里的各位也平静了
下来，大家都开始关注起车外的天气了。走了没多一会儿，
雨变成了冰雹，劈劈啪啪地落在了车顶、车窗以及引擎
盖上。车内立即变得不平静了，大家也说不上来是新奇
还是恐慌，心情在猎奇与恐惧之间来回游离。起初我认
为冰雹只是一阵，穿过某片乌云后应该就可以消失，但
是事实好像并非如此，车顶的响声越来越大，频率也越
来越密了。车内又恢复了安静，许杨对我说"我们调头
吧"，话音未落，女生们立即开始附和他的建议。就这样，

　　星月下的守望者

我们找了一个相对宽敞的路口调过头，一路向回疾驰。离开雨云之后，我们在路边下了车，惊魂未定地看着身后的场景。那堵云墙变得更加可怕了，表面的云好像被双手攥过的毛巾一样扭曲着，紧紧包裹着内层的乌云，透过缝隙能看见乌云里频繁出现的闪电，只是听不见声音。我拍了照片发给气象专家，得知这个叫作"超级雷暴单体"，从名字就能判断这是根本不可能穿过去的东西，幸亏我们刚才没有硬闯。现在只好打电话给李庚，把我们的处境告诉他，李庚那边的天气也很糟糕，看来今天大家无法汇合，晚上只有各自拍摄了。

时已过午，虽然云图显示今晚二连浩特会晴天，但是此时我们头顶的云密不透风，完全看不见太阳。不仅如此，从苏尼特右旗到二连浩特一路我们都没有找到合适的地景，继续前行去往苏尼特左旗的路又被恶劣天气封堵，情况真的比较紧迫。大家商议了一下之后，决定返回来时曾经下高速去过的那个草场，实在不行就拿车和人做前景。于是我们沿路往回行驶，边走边回忆那片草场的位置。可我们刚离开二连浩特没几分钟，就远远地望见右前方也就是公路西边的山坡上有五个"土包"，看感觉像是敖包，很奇怪在来的路上我们都没有注意到，如果能用蒙古族色彩的敖包做前景那就太好了，大家开始兴奋起来。我们找到通往敖包的路，把车停在离它稍远一点的位置，下车走过来仔细观察。敖包是蒙古人祭天的设施，用来祈求上苍保佑风调雨顺、畜牧繁盛以及牧民健康，这几个敖包由崭新的石头砌成，中间最大的高度接近 4 米，顶部相连的神幡颜色鲜艳，看来是新修好没多久。我们按照蒙古族的习俗给敖包添了石块，又打电话给小贝确认可以用敖包作为流星雨的拍摄前景，这才放心地商议起今晚的机位。

有了敖包作为备选机位之后，我们的心里踏实多了，没想到地景这么快就有了着落。看天色还早，我们就返回高速路继续往前走，看看还有没有更好的选择。路上我们给李庚发消息同步了这个发现，但他离我们太远，导航显示赶过来要好几个小时，我们只好维持原计划，各自为战了。离开敖包往前走，路两边除了平坦的地貌外似乎并没有更好的景色，甚至回到上午经过的那片草场，相比敖包也感觉逊色了许多。就这样，我们决定返回敖包，准备在那里一直等着晚上的流星雨。就快下高速的时候，天气发生了变化，西地平线上方的云层破了一条线，太阳就要露出来了。而我们头顶还是乌云密布，东南方仍然云墙高筑、闪电频出。我意识到这是一个难得的机会，便将车停在路边，等着奇迹的出现。

㊽ 刚形成的彩虹桥

果然，几分钟后万丈阳光从云的下方射了出来，照
亮了大地，也照亮了东边的云墙，出现了两条完整的双
彩虹！大家欢呼雀跃地冲下了车，跑进草原争相与之合
影。渐渐地，内侧的主虹变得更加清楚艳丽，根部与草
原紧紧相接，仿佛实实在在的一座桥，由于太阳角度很低，
两条彩虹桥又高又圆，真是壮观极了。

成功预测了**彩虹**，
等了几分钟终于
出现了。

49 双彩虹

$\mathcal{D}$

　　从彩虹出现一直到日落，在短短的一个小时内，天上的云已散去了大半。等我们再回到敖包的时候，天已经晴了十之八九，只有那条云墙还在东边地平线的上方肆虐。天黑下来后看得更加真切，云墙里的闪电比想象中要多得多，甚至在拍摄的延时里完全抢了星空的戏。不过银河升起来之后，我们就全都开始关注流星雨了。

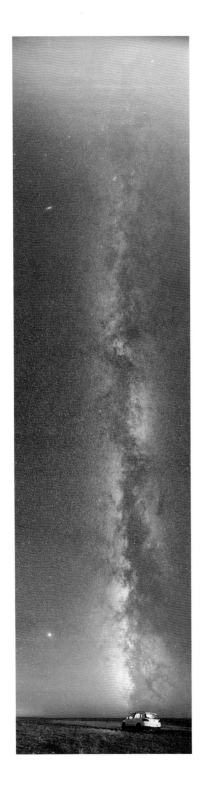

》

我们所处的纬度很高，英仙座 24 小时都位于地平线之上，流星就是从英仙座内的某一区域辐射到全天的，这是因为英仙座流星群每年几乎都在这个位置与地球相遇。其它的流星雨比如双 子座流星雨、象限仪座流星雨等也都是这个道理，都是因为环绕太阳运转的某个流星群在固定的时间段与地球相遇，流星体从某个固定的方向进入大气层，而我们就方便地用天上的星座来作为它的标识。流星进入的这个区域被称作辐 射点，如果把所有拍到的流星都叠加在同一张 照片底图里，就会发现它们都是近似于从某一 个区域辐射出来的。拍摄英仙座流星雨我习惯将银河竖直构图，让银心在下面，辐射点在上方，这样流星雨就会像自上而下的礼花一样漂亮。英仙座流星雨数量很多，而且呈现绿色，因此会是绿色的礼花。拍好了底图之后，我把相机朝向天空，开启延时让它自动去抓流星，之后便在敖包周围闲逛，仰头享受着目视流星雨的快乐。2018 年是天象频发的一年，不仅有两次月食、三次日食，还有耀眼的火星大冲。刚刚达到亮度顶峰的火星此时依然通红夺目，在银心西边不远处，是这一次英仙座流星雨独有的标记。

⑤ 草原上的天路　　⊕ 大图（见海报）

星月下的守望者

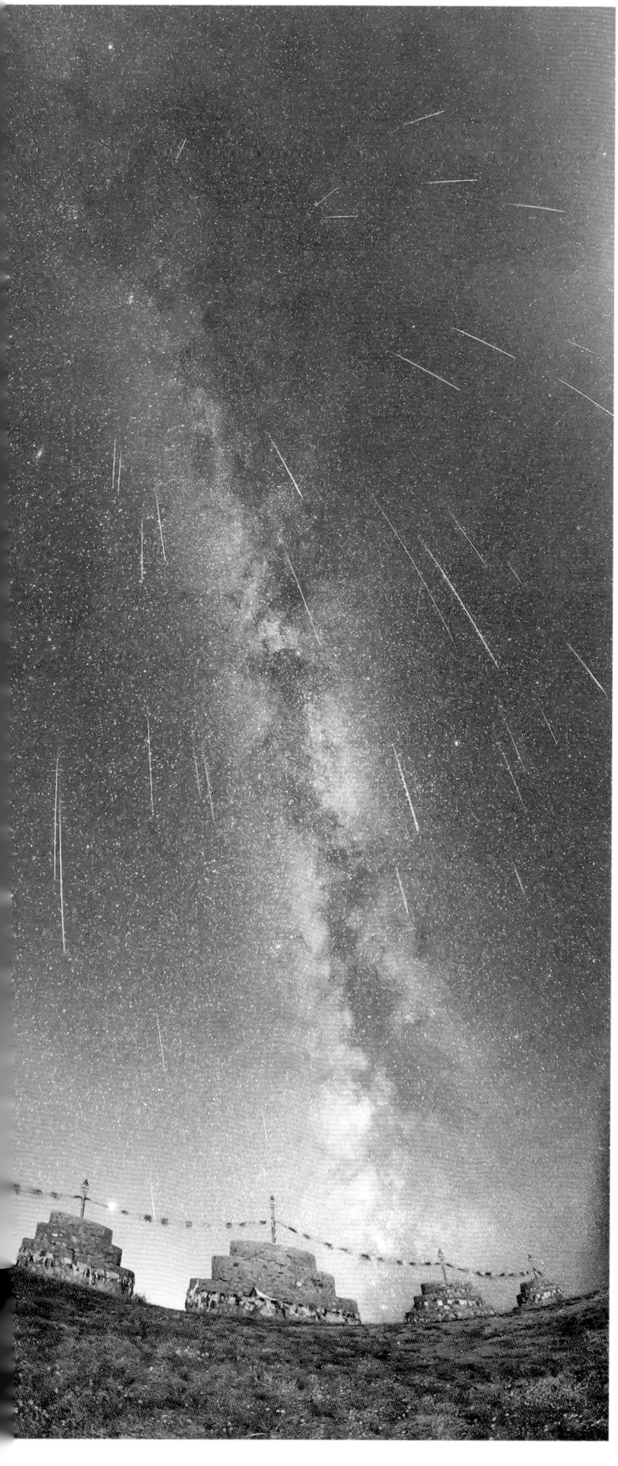

☽

那晚的草原上冷得出奇，但我们都很兴奋，芒果躺在敖包另一侧的石台上与流星自拍，萌萌和许杨爬到了车顶，晓娟也一夜没睡。大家都不想错过这难忘的一晚，用自己的方式去纪念这次流星雨之夜。那晚我们看到了上百颗流星，虽然没有特别耀眼的火流星，但并不觉得有什么遗憾。第二天清晨，天边又泛起了云，我们在血色的朝霞下踏上归途，返回苏尼特右旗美美地睡了一觉。我们在酒店又遇到了李庚，得知前一晚他就在闪电的下面，躲了很久的雨，不过最终他也等到了晴天。回京的路上我们都在议论，感觉冥冥中有一种安排，它先用好天气将我们引到了二连浩特，然后释放雷暴和冰雹阻止我们继续前往苏尼特左旗。在我们决定返回苏尼特右旗附近的时候，它又用敖包把我们留在了原地，并给予我们美丽的双彩虹和一整夜的晴天作为回报。每次我们想到这许多的巧合，就会觉得很神奇，这也使得此次英仙座流星雨之行特别的难忘。

英仙座流星雨的延时视频。又买了一首曲子作背景音乐，不过很喜欢这种调调。

(51) 二连浩特的英仙座流星雨

Stars Rain At Extreme
Cold Night
极寒之夜 星如雨下

2017年11月的一天，星空摄影师章佳杰突然在微信上找到我，邀请我参加一次活动，他想在即将到来的双子座流星雨期间组织一场不太一样的拍摄，计划大概是这样的：找几组人分别去不同的地点，彼此相隔几十到一百公里不等，各组用同样的设备和参数拍摄相同天区的流星雨。这样做的目的是要把大家拍到的流星照片汇总，通过分析同一颗流星在不同照片里呈现的不同形态，来计算出它的三维模型。我知道章佳杰在计算机视觉方面造诣很深，因此对这个计划充满了兴趣，便欣然答应参加这次拍摄。

2017**双子座流星雨**延时视频。有我在极寒之夜，带你体验星如雨下。

☽

不久之后，我们在北京西直门附近开了个碰头会，在场的还有 Steed、魂儿、Mickey 等，全是天文摄影圈里有名的人物。我们找了一家饭店边吃边聊，兴奋地讨论该如何展开这次拍摄活动。大家之前都拍过很多次流星雨，对双子座流星雨也是比较熟悉的，这是北半球三大流星雨中最值得期待的一个，不仅流量稳定，而且亮流星也非常多。2017 年的双子雨极大夜恰逢残月，后半夜三点多才月升，有足够长的时间来拍摄流星，所以确实是个难得的机会。这次碰头会我们讨论了很多细节，包括重点拍摄哪几个方向的流星，用哪些设备比较合适，大家彼此如何分工，以及相机参数如何同步等。流星雨极大值预测在 12 月 13 日夜里发生，辐射点位于黄道星座的双子座内，双子座当晚的运动轨迹是从东南到西南，这就要求每个小组至少要有三部全幅相机，用广角镜头至少覆盖正东、正南和正西这三个方向的天区。找人和找设备都不是问题，成功与否的关键是地点的选择。章佳杰认为我们至少需要四个组，因为分组越多结果越准确，考虑到组与组之间相隔甚远，而且每组都需要开阔的视野，这样的条件似乎只有去草原才能找到。北京附近光污染较少的草原还是很多的，比如张北草原、丰宁坝上草原以及围场和乌兰布统草原等，至于最终去哪个方向就要看当时的天气了。

☽

流星雨到来的前一周，天气情况越发不容乐观，云图显示有大片的云层正在从蒙古方向赶来，不偏不倚正好会在流星雨极大值的前后覆盖内蒙古中部地区，我们心里清楚得很，北京周边的这几片草原八成是不行了。此时参与拍摄的人数已经扩大到了十几个，大家都在为寻找新的地点出谋划策。有的说去东北，有的说去云南，有的说去山东，但谁都不了解当地的情况。临近正日子的时候，大家注意到通辽附近的云图还不错，因此有人提议去找知名的天文爱好者贾昊，因为他是通辽人，此时正在家中养伤。贾昊对通辽附近的环境非常了解，他在地图上画了四个圈，于是拍摄地点就愉快地决定了。

　　　　　　　星月下的守望者

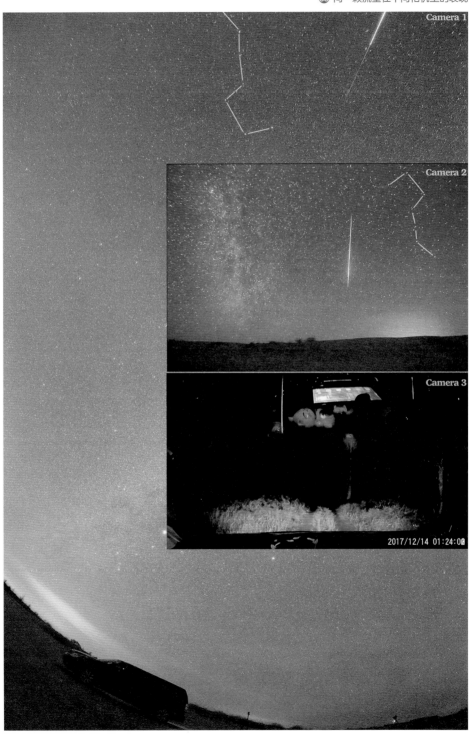

54 珠日河草原（手机拍摄 / 章佳杰 摄）

☾

  通辽市位于内蒙古东部，在辽阔的科尔沁草原的腹
地，看过《孝庄秘史》的朋友对科尔沁这个名字一定不
陌生，康熙的祖母孝庄文皇后就是生自这片草原。科尔
沁草原的面积超过了 4 万平方公里，广阔的区域具有一
级的暗夜资源，足以为我们这次活动提供充足的选择。
就这样，在双子流星雨极大夜来临之际，我们一共分了
四组，每组 2 到 3 位摄影师，分别奔赴科尔沁草原的四
个方向。最先出发的是章佳杰和摄影师杨勇，他们 12 月

　　　　　星月下的守望者

11 日到达通辽与贾昊汇合后，一起去往通辽北部的珠日河草原。珠日河草原位于科尔沁左翼中旗，这里是孝庄皇后的故乡，也是民族英雄嘎达格林的诞生地；第二组是 Steed 夫妇和孙思大夫，Steed 的爱人当时正怀着宝宝，所以他们在赤峰附近停留了一夜，次日到达通辽辖区东南角位于辽蒙边界的查日苏草原；第三组是魂儿、闷闷儿和 Tea-tia，由魂儿的父亲全程开车，12 月 13 日一早出发，从北京直奔通辽东南的阿古拉草原，阿古拉草原也是一片历史悠久的风水宝地，是一代名将僧格林沁的家乡；最后一组是我、王骏以及新华社图片社的王俊峰，我们 12 日晚上赶了一宿夜路，13 日中午前到达位于通辽的西南方的库伦旗，拍摄地在库伦旗西部的银沙湾景区内。

单说我们这一组，本来也是要 13 日出发的，但 12 日临时决定晚上就走，以便留出更多的时间来准备。我们三个人租了一辆别克 GL8，车上装满了拍摄设备和御寒物资，从京承高速方向出京，一口气开了 9 个多小时赶到库伦镇，入住酒店的时候已经是午后了。库伦是个不大的镇子，但也许因为这天的天气很好，所以人们都出来了，显得很热闹。我们向酒店人员打听到一家正宗的蒙餐馆，享受了一顿正宗的羊杂锅，以作为对自己长途跋涉的犒劳。吃完饭回酒店稍作休息，就赶紧带上所有的物资前往银沙湾，充其量也就睡了一个多小时。

库伦银沙湾是一个以沙漠旅游为主的旅游区，12 月份是淡季，因此整个景区内冷冷清清一个人也没有。没有人就意味着不会有太多灯光，这对我们来说是个好消息。但是大家都是第一次来这，因此需要趁着天亮寻找晚上拍摄的场地。我们开着车，顺着景区里的道路慢慢寻找，经过一排冷寂的蒙古包，来了一片广场上。广场的地面由水泥铺成，空空旷旷的什么也没有，足有半个足球场那么大。广场北边有一条高高的沙坡，十几米高，但是看似坡度并不大，我们把车停在靠近沙坡的地方，

然后下车去爬沙。脚下的沙子又白又细，近处可见稀疏散落着的矮小植被，到了沙坡的顶部再环顾四周，附近的环境便一目了然。这里以北是一片白色的沙漠，此起彼伏的沙丘一眼望不到尽头，我们所爬上的沙坡是沙漠的起始地，如此看来那片广场应该是个停车场，我仿佛看见了一辆辆沙地车冲上沙坡进入沙漠的热闹景象。考虑到晚上要在低温环境下连续拍摄几个小时，我们很可能需要用电瓶来给相机供电，所以相机只能架在广场上靠近车的位置。但是沙坡上面的景色很美，我们都说晚上一定要再爬上来，用沙子做地景拍一些照片。

转眼间就到了黄昏，日落后气温骤降，我们开始换厚衣服。天气预报说夜间最低气温会达到零下 30 摄氏度，因此我们每个人全身上下都裹得严严实实的，另外身上、脚底还贴满了暖宝宝，车里也备着两壶热水、若干巧克力以及自热火锅，做好了在严寒中过夜的准备。为设备保暖也很重要，尤其要解决如何在低温条件下为设备供电，我们组用的是"假电池"，即一种做成电池的形状，可以放入相机电池仓但却用外接电源来供电的装置。我带了两块高容量的锂电池作为假电池的电源，把它们放进羽绒包后，再塞进若干暖宝宝，这样放在地上就能保持更持久的电量。除了相机电池之外，用来拍摄延时的定时快门控制器也要注意电量损耗问题，章佳杰建议我们全都换成不依赖电池供电的机械快门，以免在低温环境下出现状况。另外还有镜头的除雾问题，不过冬季草原上没什么水汽，我们组又是在沙漠，所以不需要考虑除雾。但我们带了若干小塑料袋，这是在拍摄结束后把设备从室外拿进车内的时候来封住相机用的，否则车内的水蒸气在相机和镜头上凝结后有可能损伤内部的电子元件。

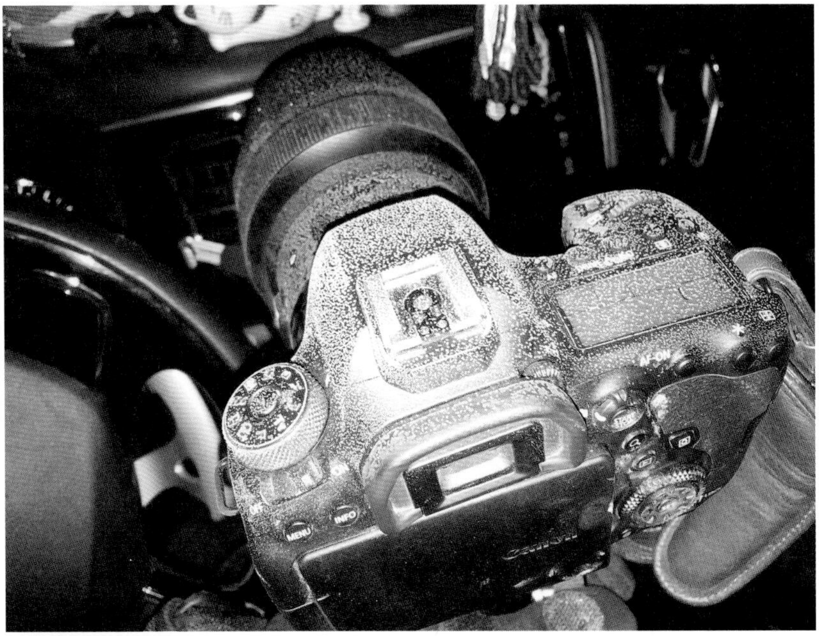

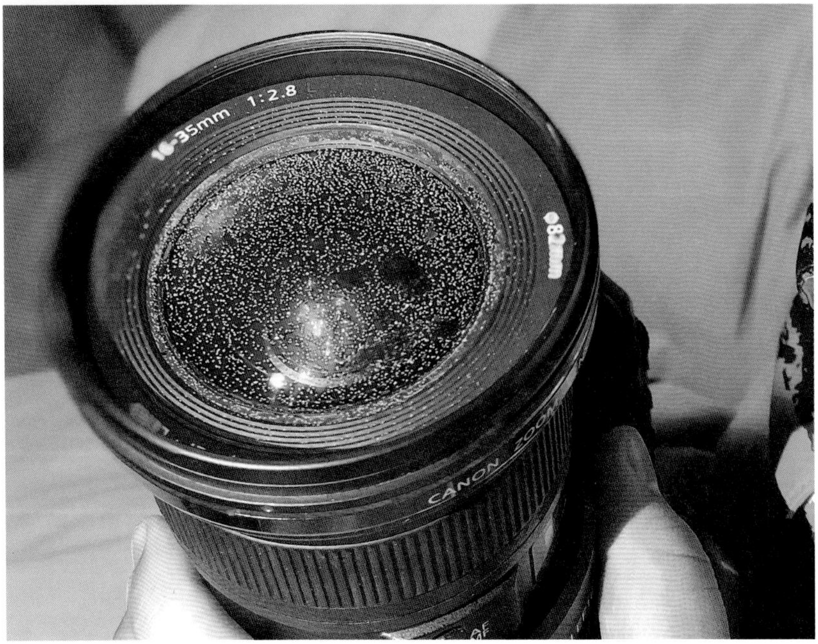

(56) 查日苏小组从极寒环境下拿回的相机（上）（手机拍摄 / 孙思 摄）
阿古拉小组起雾的镜头（下）（手机拍摄 /Tea-tia 摄）

○

按照约定，我们在车前架设了三部相机，全部都装上 20 1.4 的镜头，分别朝向正东、正南和正西三个方向。镜头的角度稍微扬起，画面里只留一条窄窄的地平线，尽可能多地拍摄天空部分。各组的相机时间、镜头焦距都是一样的，连拍摄参数也都统一。拍摄流星的参数比较特殊，因为流星生命周期短、亮度高，因此要用大光圈、高感光来拍，而且曝光时长尽量不超过 10 秒，不然过亮的星空可能会淹没流星的亮度。我们装好设备后一直等天色全黑，8 点过后才打开快门开始拍摄，然后我们就爬上沙坡，等待着流星雨的降临。在天刚落黑大概 6 点多的时候发生了一件事情，当时我们正低着头在附近巡视，感觉周围突然闪了一下，好像一道闪电般明亮。我们立即抬头寻找，知道这一定是颗爆开的火流星，但为时已晚，头顶上除了点点繁星之外并没有流星尾烟的迹象。不多时，贾昊在微信群里说起了同样的经历，这让我们面面相觑。要知道库伦银沙湾和珠日河草原之间相隔不只 100公里，如果我们刚才遇到的是相同的流星，那得是多么亮的一颗啊！但这也正好验证了章佳杰的计划，相隔甚远的两地确实可以拍到相同的流星，只不过我们都还没有开始拍摄，很遗憾没有将它记录在案。

这是我们当晚遇到的第一颗流星，它如同一个征兆，开启了当晚的流星运势。从开拍之后天上的流星就纷纷出现，且越来越多，我们经常会在不同的方位同时看见两三颗，有时真的会让双眼应接不暇。除了活动需要的那三台相机，我们还另外部署了四个机位，尽可能去覆盖每一个天区，争取拍到每一颗流星。但是流星在照片上的样子与眼睛看到的完全不同，照片上它只是一条亮线，而在眼里它是一颗有速度、有变化的光点，会突然增亮、变色，甚至爆炸成碎片，像一颗礼花。沙漠的夜晚寒冷至极，我们的睫毛和鼻孔里都结了冰，但绚丽的流星雨让谁也不想待在车里，大家都仰头对着天，期待着下一秒的另一个奇迹。如此的低温环境让每个组都出现了状况，大家遇到的基本都是电池问题，午夜时我也去查看了我的羽绒包，锂电池仅剩不到 1/4 的电量了，平时能用几天的电池到这里只坚持了四个小时！不过幸亏我带了逆变器，把它接在车里就可以用车的电瓶继续给相机供电了。后半夜气温持续下降，沙漠里实在是太冷，我们爬上沙坡拍了几张合影，然后就躲进车里补充热量。大家吃光了所有的零食，又冷又困，便由着相机自己去拍摄，自己裹上所有的衣物在车里一直睡到 4 点多天色微亮。

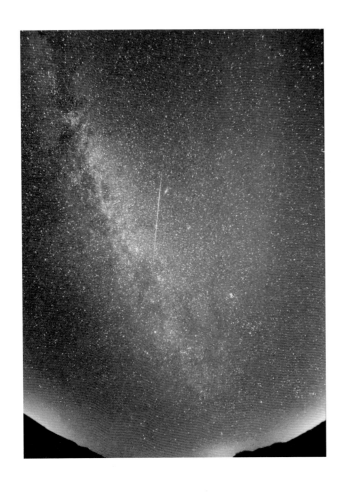

57 一颗双子座群内流星

12 月 14 日黎明，我们拖着疲惫的身体，径直踏上了北京的归途。在车上我就迫不及待地打开电脑，将所有相机的数据都导了出来。7 部相机一共拍了 7000 多张照片，拍到了几百颗流星。其他组的数据也都非常好，大家都特别高兴，因为这次流星雨爆发得如此猛烈，是近年来少有的一次。章佳杰当然是最满意的，通过这次拍摄，他定位了四百多颗流星的模型，根据这些数据生成的三维图可以重现当晚流星雨降临的盛况，果真如下雨一般壮观。另外我们也拍摄了许多花絮，大家随行随拍记录了很多有趣的画面，我们用这些素材剪了一段视频，以此来记录 2017 年末的这次难忘的活动经历。

3D 流星雨背后的故事

今天再发一次这个满满正能量的短片，回忆 2 年前的我们相邀出行，不畏严寒去草原追逐流星雨的日子。2020 又是双子座流星雨爆发的一年，希望天文爱好者们的执着能够鼓舞你，用微笑来面对困难，用信念去展望明天。

Starry Sky
At Zhangye

张掖的星空

2019年5月，我应邀参加星空摄影师戴建峰组织的一次活动，前往甘肃张掖拍摄星空。我对张掖这座城市早有耳闻，知道它是古丝绸之路上的重镇，不仅历史悠久、文化多元，而且风光独具特色，尤其以奇特的丹霞地貌而闻名世界。在此之前，祖国的西北地区我只去过青海，祁连山以北的河西走廊还没有涉足，也没有亲眼见过丹霞地貌，因此我对此行充满了期待。

我们于5月11日中午抵达兰州，与戴建峰汇合后，一行人开车直奔张掖。甘肃省的地形狭长，初中地理课上我对它的印象就特别深，总觉得它看起来像一个两头宽、中间细的哑铃。从兰州到张掖一共440多公里，基本都是行走在"哑铃"的杆上。这是一条介于祁连山与合黎山之间的狭长通道，将青藏高原和内蒙古高原分开，连接了中原与西域，它就是著名的河西走廊。河西走廊从古代开始便是战争和商贸的要道，是陆上丝绸之路的一部分，我们沿高速经过的武威、金昌也都是耳熟能详的丝路要冲，这些在教科书上学到的城市如今终于让我有机会得以亲临。

⑤⑨ 张掖的银河拱桥

☾

我们于傍晚赶到张掖，前来迎接的是《张掖日报》的王将老师，他带我们见了十几位张掖摄影家协会的老师，并且和张掖外星谷地质公园的李总一起，请我们吃了一顿正宗的张掖美食，大家旅途的疲惫被一扫而光。酒席过后，看着天气有转晴的趋势，我们决定当

晚就找地方拍摄。要说张掖的自然景观，当然非丹霞地貌莫属了。丹霞地貌是指由红色砂砾岩发育而成的地形，红色砂砾岩层经过几千万年的风化和侵蚀，形成了千奇百怪的形状。丹霞地貌在我国分布很广，但张掖的丹霞却因与彩色丘陵景观相融，形成了独有的七彩丹霞地貌。只可惜七彩丹霞景区在张掖丹霞地质公园里，景区夜晚不对外开放，我们只能遗憾地错过。不过张掖还有很多具有丹霞地貌的地方，比如肃南县的外星谷地质公园，以及张掖市以北的平山湖大峡谷。外星谷比较远，被安排在第二天的活动里，因此我们就由本地星空摄影师钟晓亮带领，连夜赶往平山湖大峡谷拍摄星空。

平山湖大峡谷离张掖市仅 60 公里，在平山湖蒙古族乡的境内，处在河西走廊与内蒙古高原的过渡地带。景区外不远能看见一个很大的蒙古包，颇具民族特色，由于王将老师事先打过招呼，因此我们顺利进入了景区大门。车进门以后又走了很远，路两边开始出现大大小小的石丘，这些石丘只有几米高，在车灯下泛着红色。我们在道路的终点把车停好，登上一个全是台阶的陡坡，来到了坡顶的一处平台上。顺着晓亮的指引，我借着月光隐约分辨出山下的峡谷，也许是因为夜晚的原因，我感觉目光所及之处全都是迷宫一样的地貌，连着天边根本看不到尽头。这个平台是一条水泥栈道的起点，顺着栈道就可以一路往下进入峡谷，我们在平台上试拍了几张，发现这里的角度并不是很理想，如果要拍到银河的方向，只能沿着栈道继续往下走。这条栈道很宽，但是下坡的路一样很陡，所以我用一只手抓着两个脚架，另一只手扶着栏杆小心地前行。下了陡坡之后有一段路比较平缓，我在这里停下，因为左侧已经可以看见清晰的峡谷了。我所处的位置比较高，看峡谷略带一点俯视，

⑥ 平山湖大峡谷的星轨

月光斜射在峡谷一侧的岩壁上，待瞳孔适应黑暗后，能清
晰地看见岩壁表面层层略带红色的砂砾岩。随着月亮越来
越低，另一侧岩壁的阴影慢慢往上爬，因此我翻过栏杆走
到栈道外面的草坡上，准备用一台相机开始拍摄这段光影
变化的延时。

⑥ 平台上的天蝎座调色盘

☾

　　正当我架好相机回过头，面向来时经过的那个平台，突然看见平台小小的栏杆上有颗耀眼的星星。我愣了一下，立即认出这是木星，此时木星离冲日只有一个月的时间，因此如明灯一般夺目。如果说木星从这儿升起的话……我开始兴奋起来，因为我知道这时候木星位于天蝎座内，天蝎座与人马座是两个处于银河中心的黄道星座，如果木星在这个位置出现，那么一会儿壮丽的银河中心也会从平台下面升起。我和平台有几十米的距离，适合用中焦来拍摄，银河中心在中焦镜头里的表现力一定非常震撼。想到这里，我马上拿出一支 EF 85mm f/1.2 的定焦镜头，将光圈开到最大，感光调至 12800，对着平台的位置拍摄延时。当晚的温度虽然在零上，但保险起见我还是用了一块超大容量的电池给这台相机供电，一定要拍到银河升起的完整经过。为了给视频中增添一些活动的元素，在拍摄延时的过程中，我又爬回到平台上亲自来做地景。后来我发现根本不需要这样做，因为平台那里还有通往另一个方向的栈道，大家经常在这两个方向来回走动，所以画面中并不会只有沉寂的星空。

星月下的守望者

天蝎座银河系延时

当时我正在山谷里拍星轨，抬头突然发现天蝎座从这个平台后升起，便用了两个半小时的时间记录下了这段星空延时。在 EF 85 毫米的镜头里，巨大的银河系中心紧随天蝎座的引领缓缓升起，大暗隙如同触角般挥舞，木星像明灯一样夺目，色彩斑斓的恒星数之不尽，好似天上众神俯视着渺小的我们。

☾

我一共拍摄了两个半小时，天蝎座如期而至，引领着银河系的中心从平台后方缓缓升起。在 85 毫米的镜头里，银河中心的细节被刻画得淋漓尽致，暗星云如同触角般挥舞着，色彩斑斓的恒星数之不尽，好似天上众神俯视着渺小的我们。这段延时是一个意外的惊喜，我在微博发布后，竟然有 8000 多万次的阅读量，转发超过了 18 万，但这是后话，当晚我对它如此惊人的传播潜力却一无所知。我们在平山湖大峡谷一直拍到午夜，大家都收获不少，满意而归。由于时间原因，我们并没有进入峡谷，而是把这个与丹霞地貌近距离接触的机会留给了第二天的外星谷景区。

外星谷是一个面积广阔、造型奇特的地质公园，置身其中会有一种踏上外星的感觉。前一晚在给我们的接风宴上，外星谷的李总曾为我们讲述了他开发这里的经历，看他所展示的照片，我们都迫不及待要去体会。谁料次日中午，一股沙尘暴从西北方袭来，以迅雷不及掩耳之势侵入河西走廊，铺天盖地的沙尘笼罩了张掖市，能见度只有一百多米。傍晚的时候沙尘有所好转，我们不想心存遗憾，因此决定按原计划去外星谷。外星谷在肃南裕固族自治县，离张掖市一个多小时的车程，我们与摄协的老师以及附近的拍星爱好者一路，组成浩浩荡荡的车队，进入景区的时候天已经黑了。外星谷范围特别大，分成火星谷、水星谷、木星谷和大炼钢遗址这四个区域。李总有要事无法赶到，由工作人员带我们进入木星谷，为我们介绍了几处奇特的景观。木星谷又叫肋巴泉景区，岩壁上层层叠积的红色砂砾岩如天书、如飘带、如肋排，也像木星的大气表面。景区的名字也很有趣，比如"天下粮仓"、"星际穿越"、"天工开物"等，我们在"天工开物"的景观外停好车，看着月亮在似云似霾的天上若隐若现，决定先在车里休息，等夜深了再起来碰碰运气。这几天的劳顿外加昨夜的拍摄让我很快就睡着了，再睁眼的时候已是午夜。车外非常凉，我披上外衣下了车，惊喜地看见头顶有一颗星星，看高度应该是织女星，顺着方位看过去，夏季大三角全都能分辨得出。天气确实好转了！我找到了戴建峰的车，便敲敲车窗把他叫醒，渐渐地所有人也都起来了，大家纷纷拿出设备准备拍星，而此时星空越来越通透，连银河也变得清晰了。

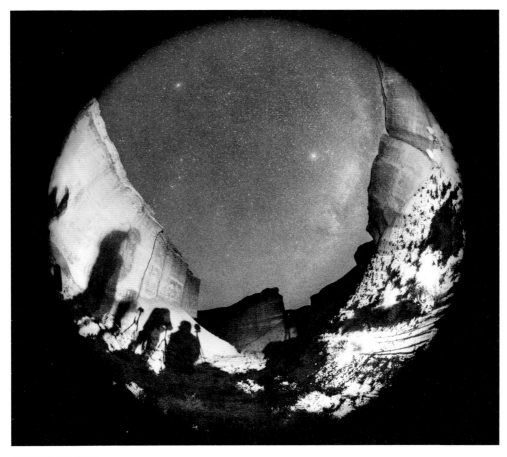

⑥ 外星谷的拍摄准备

🌙

　　"天工开物"由两座陡崖合围而成的山谷，入口宽，往里面越走越窄。走到一定深度，便可以用鱼眼镜头将周围的山崖全部收入画面，层层叠叠的山崖在四周、星空在中间，很有意境。临睡前我们曾经来山谷里勘查过地形，醒来后我昏昏沉沉地拿好设备就往里走，却阴差阳错走进了旁边的另一条山谷。那是个没有开发的地带，脚下的路越走越不平，等我发现不对劲的时候已经走了很远。无奈我只好转身往回走，却因为心急，一不小心在松滑的沙地上摔倒，手掌被锋利的石头划破了皮，还好没有流血。意外的受伤让我顿时精神百倍，也对这种地形加深了一层了解。在野外拍星其实不怕歹徒，反而意外受伤和遭遇野兽是最大的危险，尤其是手里拿着沉重的设备，重心不稳的时候很容易摔倒，而对设备下意识的保护往往会导致比较严重的结果。提高警惕后，我顺利走回了正确的山谷，在之前勘查的地点埋下了两台相机，用鱼眼和广角分别拍摄"天工开物"。我面向的是从天鹅座到仙后座这段熟悉的银河，分布着诸如北美洲星云、心脏星云这些红色的发射星云，它们在相机的长曝光下展示出本来的绚丽色彩，而用人类微弱的肉眼看去只是一块块淡淡的亮斑。红色砂砾岩也是如此，人们在黑夜里完全看不见岩层鲜艳的红色，但高大的山影让它们的气势陡增，让处在山谷里的人心生敬畏，尤其是刚刚摔倒受伤的人。

○

　　除了"天工开物"，当晚还有一处叫"万卷天书"的地方也备受爱好者的青睐。那是一面几十米长平行于路边的高大岩壁，岩壁上的石层如书页一样整齐平行，不得不让人惊叹大自然的鬼斧神工。我们一直拍到清晨，天亮后才看清这些景观的真实面貌，也感受到了木星谷的广阔。木星谷只是外星谷的一个区域，外星谷又只是张掖丹霞地貌的一角，匆

　　　　　　　　　　　　星月下的守望者

匆两晚实在是太短了。直到第三天回兰州的路上，以及回北京的飞机上，那些千奇百怪的地貌依然在我的脑海里回荡。几个月后我去西宁给某越野车拍摄宣传片，因为苦于没有足够气势的地景，专门翻过祁连山长途跋涉来到张掖，最终在红沟峡谷里才找到满意的构图。在我的印象里，张掖的星空是纯粹的星空，而对我而言，张掖的丹霞也是好运的象征，因此我很期待能再次前往。

64 外星谷的银河拱桥

The Journey Of
Geminids
To The West

双子西行记

2018年12月12日晨，我在即将飞往西宁的航班上，看着舷窗外微亮的天色，睡眼惺忪。机舱内散落而坐的乘客中有很多是与我同行的朋友，加上已经到西宁的和仍未出发的，这次活动共有十六人。我们的目标是去海西蒙古族藏族自治州拍摄节日一般的天文盛事——双子座流星雨。

星月下的守望者

《

　　西宁只是集结地，在这里的相聚短暂而匆忙，一碗正宗的牛肉拉面之后，大部分人就启程了。我们要赶到西宁以西 700 公里的大柴旦，车程预计 10 个小时。留守西宁的是闷闷儿和小凯，他们要等待傍晚才抵达西宁的小猪和孙大夫，再连夜赶往大柴旦与我们汇合。"夜路行车，注意安全"，临别时大家嘱咐再三，不过谁也料想不到，幸运之星正在前方等待着他们。先行的车队一共五辆车，出西宁时便走散，直到远离城区才有四辆车相继而遇，却唯独不见猫先生（建荣）和姚蛋开的第五辆车。不过西宁往海西只有一条路，电话确认过安全之后，便分两队各自前行了。这条向西的路平整笔直，缓缓攀升。路两侧是平坦的高原，高原尽头是皑皑的雪山，山下偶见大片盐湖。黄昏时，太阳落入山顶的云里，从云隙间射出数条光线，如琴键般斜在静止的盐湖上方。日落后，天仿佛在几分钟内就全黑了，云也很快遮住了月亮和星星。我们跟随着彼此的车灯相依而行，到大柴旦已是深夜了。在大柴旦，我终于见到了猫先生，他们比我们早到了快一个小时。"我一直以为你们在前面，所以很努力地追赶"，猫先生捂着脸说。

 大柴旦

（

大柴旦的海拔只有 3100 米，却是我之前从未到过的高度。一天的奔波过于疲惫，入睡前又洗了头，所以我如教科书一般经历了高原反应。缺氧让我头痛欲裂睡不着觉，一闭上眼，耳边就是心脏狂跳的声音，手脚很快就发麻了。同屋的胖编立即惊动了所有人，包括正在赶夜路与我们汇合的孙大夫，我也立即接到了来自各方的救助。胖编买回了矿泉水，An9 带来了葡萄糖，猫先生也送来了保温杯。凌晨四点，我终于睡着了，这惊心动魄的一夜总算过去了。起床时天已大亮，我来到室外，深吸一口清新而冰凉的空气，浑身舒畅。美丽的大柴旦，天空碧蓝，巍峨的雪山近在眼前，山峰彼高此低连绵不绝。微雾缭绕的雪顶下是棕色的山体，被阳光刻画出若干阴影，错综复杂、苍劲有力。据说山脚下有一处湖，湖水因为矿物质多年的沉淀而呈现蓝色和绿色，因而叫翡翠湖，是大柴旦最有名的地质景观。我很庆幸挨过了高反（高原反应），没有就此撤退。赶夜路的那几位也安全到达了大柴旦。通过暴风雪的考验，老天爷认为可以给他们一个奖赏，便在途中安排了难得一见的光柱奇观。这种现象仅偶发于非常寒冷的夜里，成因来自空气中堆叠的冰板对地面光源的垂直反射，几位遇见的光柱规模实属国内罕见，由此可知昨夜他们经历的天气有多么极端。

大柴旦翡翠湖的星空

你在天上，你在水里，
你无处不在。你舞动的
身影让我沉醉，尽管你
与我相隔数万光年。

66 翡翠湖的星轨

☾

12 月 13 日中午，十六个人齐聚在大柴旦，简短的会议之后便分成两组前往各自的目的地——水上雅丹地质公园与俄博梁。两个地方虽然都是雅丹地貌，但水雅丹秀美，俄博梁神俊，是两种不同的自然奇观。我将前往的方向是俄博梁，位于青海冷湖镇，在大柴旦以西两百多公里，附近有黑独山、苏干湖、石油小镇等好多有名的地方，其中以石油小镇最具特色。据说冷湖以前是个无人区，中华人民共和国初期因发现石油而设立了冷湖市，建有多处石油基地，最繁荣的时候人口有十几万人。后来随石油工业的迁移，以石油为生的人们逐渐搬离这里，冷湖市变成了冷湖镇，很多基地也就自此成了废墟，石油小镇就是其中一个。

我们赶到石油小镇时，太阳已经落山了。走进小镇，目光所及之处尽是残垣断壁，墙根整齐排列，足见当年的规模。走过遍地的碎石闲砖，站在没有屋顶的房子里，我第一次体验了青海的星空。猎户在东边升起一半，橙色的参宿四巨大而明亮；夺目的毕宿五上方高挂着荧光闪闪的昴星团，在它旁边，冬季银河清晰密布，绵延向西。月亮下山前，小镇化作形态各异的剪影，剪影的边缘被平行的月光描绘成淡金色，随着月落渐渐暗下去。我有种错觉，几十年的废墟仿佛在这一刻焕发了新的生命。

次日天还没亮，肉堆、姚蛋和 LENG 就驱车去苏干湖拍日出了。姚蛋是此行的视频导演及摄像，对每个镜头的要求都十分苛刻；LENG 负责航拍，平时不苟言笑，手中的飞机却穿云掠地。苏干湖回来后，我们就启程去往俄博梁了，老白和肉堆负责带路。他们对雅丹地貌都非常熟悉。老白曾三次穿越罗布泊，自驾走过各条进藏道路，国内除了东南地区以外几乎没有他没去过的地方。用他自己的话说，"地质队里出生长大，从小徒步戈壁滩，抓蛇养鹰。"这组有他在，哪儿都敢去。肉堆对俄博梁里面的情况也了如指掌，这位擅长风光摄影的大哥，虽然不会开车却哪儿的机位都知道。肉堆告诫我们，俄博梁里路口错综相似，手机又没有信号，晚上容易迷路。所以我们带足了粮草，决定晚上在俄博梁扎营，天亮再出来。

第一眼见俄博梁时我以为是天边的一层黑云，比地平线略高；走近才发现"云端"有许多向上的凸起，似塔非塔，像楼又不是楼；再靠近才看清原来这是一大片由怪石聚集的高地，不仅让我猜测这到底是自然形成的，还是古代城市的废墟，怪不得人们叫它"魔鬼城"。待到进入俄博梁，就看得更加真切了。这些像楼像塔的怪石原来都是雅丹风蚀岩，高度可达二三十米。巨大的雅丹经过大自然千百年的雕琢，表面被风吹落，堆在脚下积成白沙，幸存的山体则千姿百态，只是周身留下了千万条平行的伤痕。姚蛋兴奋不已，让我驾车不停在这些雅丹之间穿梭，他在周围不停跑动以捕捉各种瞬间。LENG 坐在我的副驾，飞机在高空遨游，在他眼里，俄博梁是另一种角度的气势磅礴。今晚的营地是俄博梁腹地

⑥ 俄博梁的温泉（手机拍摄 / 白继开 摄）

星月下的守望者

的一处温泉湖，湖水面积不大，积水不多，水从湖的一侧溢出后弯曲流向低处。温泉的出水口有一个人工设施，滚滚冒着蒸汽，侧耳能听到潺潺的流水声。

○

天黑前我就选好了机位，一座巨形雅丹，在温泉西北大概两百米的位置。老白的机位在我身后，我的相机就是他的前景，我的身影就是他的故事。老白把车开到附近，从车里拉出电源，他的车就是今晚我们俩的保障。相机开拍后，我借着月光在周围溜达。不远处的高坡上，LENG一动不动地仰望星空；经过他再向东200多米，走下一个高坡，是猫先生、魔铃和An9的车。车的周围环绕排列了七八个相机，正分别朝向各个天区。魔铃来自福建，对她来说，北方干净清澈的星空是很难得的。

离开他们往回走的时候，月亮已经下山，我突然发现我的周围漆黑一片，伸手不见五指，更别提来时的路。我打开手电寻找着，周围似乎都是一个模样。我抬起头，学古人用星座辨认方向，然后朝着正西坚定地走下去。几分钟后，我意识到自己迷路了，等回头再看，已经找不到猫先生的车了。周围一片寂静，巨大的黑影瞬间变得高耸，我感觉自己与手中那点微弱的灯光，在令人敬畏的大自然里、在密集的繁星下孤独而渺小。我转过身往回走，边走边侧耳倾听，直到听见了温泉微弱的水声，才远远看见了老白的车。

这事之后，我决定不再瞎逛，踏实地看流星。只要环境足够黑，瞳孔就会张到足够大，星空就会变得足够亮，任何一次一闪而过都不会错过。那一晚我看到了很多流星，可惜相机并不能百分之百的还原人眼看到的景象。虽然照片的感光增强了，颜色鲜艳了，但与目视相比，人与星空的距离却拉远了。所以我让自己站在那里，脚踩着漆黑的世界，眼朝着那个亮晶晶的世界，尽情地融入。突然间，眼前的一切都变得清晰，星星彼此连成了线，星云和星系从黑暗中浮现，它们都在向我涌来。在那个时刻，我不知道自己对哪一个世界更加了解，也分不清内心对哪一个世界更加期待。

天亮后我们就撤出了俄博梁，我们回到了有信号的世界。接下来的一天是最漫长的一天，我们从早晨开到黄昏，从黄昏开到深夜，再从深夜开到凌晨。16 日早上3 点，我们终于和水雅丹小组在西宁的酒店里相聚了，他们仅比我们早到了两个小时。迎接我们的是闷闷儿，她是此次活动物资、设备、行程计划以及拍摄的保障，也是此次出行能聚集众多优秀成员的原因。我可能永远也无法体会水雅丹小组这几天是怎样的感受，但从水雅丹小组辛苦拍摄的照片和视频可以看出，那一定是丰富多彩、充满故事的经历。经过 5 天的拍摄，我们踏上了各自的归程。离开了水雅丹和俄博梁，离开了西宁和青海，离开了风蚀岩和雪山，却没有离开那片星空。这是我第一次去青海，第二次拍摄双子座流星雨，却忘记是第几次拍摄星空了。但每次的体会都不尽相同，不管走到哪里，道路有多艰难，只要周围拥有一片暗夜，头顶就一定会有那亮晶晶的世界。

69 俄博梁的双子座流星雨

新一年的双子座流星雨拍星之旅

新一年的拍星之旅正式开始，就在我们再次
踏上征程时，可还记得我们这一群拍星的小
伙伴们去年的欢乐结尾？让我们在重温回顾
中开始欢乐的旅途。此片拍摄于 2018 年 12
月，双子座流星雨～

West Sichuan

川西行

在我国四川省成都平原以西、青藏高原的东南缘，有一片以高原和山地为主的区域，即川西高原。川西高原属于横断山脉的一部分，地势西高东低，平均海拔在 4000 米以上。这里有我国南方最广阔的沼泽带，也有四川最高的雪山，少数民族以藏、羌、彝为主，不仅风光秀美、文化独特，而且夜空也是非常的灿烂，是国内知名的拍星胜地。2019 年秋末，国际星空摄影界的大神、捷克星空摄影师 Petr Horalek 应国内星空摄影师戴建峰之邀前来我国拍摄星空，我与好友闷闷儿、猫先生以及几个朋友作为陪同，一起在川西甘孜藏族自治州拍了一次雪山银河。由于行程短暂，我们只走马观花地沿着康定—塔公—丹巴一线拍了几天，虽然每晚我都因为高原反应而头痛欲裂，但川西那片纯净与圣洁的星空却给我留下了极深刻的印象，让我非常非常地怀念。

甘孜藏族自治州又叫甘孜州，俗称康巴或者康区，是我国第二大藏区。我们从成都出发，行程的第一站是康定，也就是甘孜州的州府所在地。这是我第一次进川西，一路我都充满了好奇，窗外的景色从平原变化到山地，经过的路牌也有很多是我在当年雅安地震时关注过的地名。穿过二郎山隧道的时候，闷闷儿跟我讲了很多之前她走国道进川西时的艰苦经历，而如今高速公路一直修到了康定，一天的行程被缩短到了四个小时，为川西人的生活提供了极大的方便。其实这对我也很重要，因为此行之前我对康定的理解除了那一首"康定情歌"之外没有任何概念，而便利的道路可以让更多人去了解川西，去体会那种浓郁且庄重的文化氛围。这正是我进入康定之后的感受，康定县依山而建，虽然面积不大，街道也不宽，修建地却非常紧凑，到处是一片繁荣的景象。从人群的穿衣风格可以看出这里藏民很多，楼宇的建筑风格也有显著的藏族特色，让我经常有一种身在西藏而非四川的错觉。

接待我们的是康定摄影家协会，当天下午在酒店的会议室里，戴建峰做了一场关于星空拍摄的讲座，与摄影家协会的老师们交流了拍摄的经验。讲座之后是一顿丰盛的川菜晚宴，席间我与邻桌的 Petr 聊了起来，因为路上我们在不同的车里，所以这是我和他的第一次聊天。Petr 很年轻，又高又瘦，是个帅气的捷克小伙子。一开始我以为他很腼腆，因为他话并不多，但聊起来后发现这个人其实很健谈，也很单纯。与他在中国星空摄影圈内显赫的名声相比，他更像是个天真的大男孩，完全没有大神的架子。我告诉他中国几乎每个星空摄影师都见过他的大作时，Petr 的反应很出乎我的预料，他说很多中国的朋友也都对他这么说，但他真的很不解，因为在他看来他的照片并不比其他人的好多少。Petr 的谦逊是十分真诚的流露，虽然他这么说，但他的作品无论从构思、画面还是技术都是非常成熟和细腻的。

　　　　　　　　　　　　星月下的守望者

☾

当晚的天气并不是很好，因此晚宴之后所有人回房间休息，以消除旅途的劳顿。但是午夜一过便有云开雾散的迹象，于是大家又都起床，在点点星光下赶往康定附近的著名地标木格措。木格措是藏语，翻译成汉语是"野人海"的意思，是川西北最大的高山湖泊之一。木格措在康定情歌（木格措）风景区内海拔大约3700米的地方，景区里还有杜鹃峡、芳草坪、七色海等若干美景地，我们一行人好几辆车，还有从成都赶来的两位星空爱好者，大家浩浩荡荡在夜里穿云拨雾，除了"之"字形的山路和拦路的牛群，别的什么也看不清。等到沿着山路开到了山顶，一下车便听见水拍打岸边的声音。顺着声响望去，我终于看见了这片著名的大湖。木格措的水域有4平方公里，在夜里一眼望不到头，湖面上的风很大，吹动着我的头发，带来一阵阵清凉的味道。借着星光望向湖的左侧，一排排雪白色的山峰将湖与天隔开，提醒着我这是在海拔几千米的高山之上。木格措是雪山上的积雪融化汇聚

71 木格措的雪山

而成的，其水源就在我们身边流淌，趁着湖水拍岸的间歇我甚至能听到它潺潺的水声。顺着这条绵延的水源向后看，那里是木格措湖水的发源地——女娲雪山。蓝得发亮的天狼星正在山尖上若隐若现，而冬季的标志性星座猎户座早已经高高升起，需要仰着头才能看到。银河在它旁边贯穿天际，一头落在身后的山里，另一头则落在湖另一侧隐约可见的雪山后面，那边的夜空是仙女座和英仙座，此时正在努力地转向湖面，不过这些靠近北天极的星座，用不了几个小时便会再次跃出地平线，只是会淹没在太阳的光辉之下。我们在岸边用浅水

　　　　　　　　　　　　　星月下的守望者

中的枯树干、湖水以及雪山做地景，拍了整整半个夜晚，直到日出后才离开。天亮下山时我才知道这个景区有多么美，本来已经困倦的我们又打起精神，在七色海又停下来拍了一阵。目光所及之处尽是雪山、草地与湖泊的完美结合，颜色仿佛大自然的调色板一样纯正。蒸腾的水汽从湖水中升起，掠过挂满经幡的玛尼堆，于洁白的山巅之上，消散在湛蓝的天空里。看着这样的画面，我才明白为什么有那么多摄影师即使是在交通资源匮乏的年代，也会不远千里跋涉到这里采风。

72 木格措的清晨

☾

回康定吃完午饭后，我们便启程继续向西前往藏区，目的地是位于甲根坝乡的酒店。康定位于川西东部的高山地带，由此进入川西高原要经过海拔 4000 米的折多山垭口。垭口就是山口的意思，是两座高山的连接处，也可以理解为关隘。折多山是康巴的第一道关，在它东边是大片的高山峡谷，西边则是隆起的高原地带，也就是青藏高原的东缘。这里没有高速路，数不尽的车辆排成一排在"之"字形向上的 318 国道上艰难地爬行，氧气随着海拔的升高越来越稀薄，就连越野车也"缺氧"了，对油门的反应变得迟钝起来。翻越折多山垭口的时候天空飘起了雪花，到处是洁白的一片，只有山顶上一个挂满经幡的玛尼堆特别的显眼。

从折多山垭口再向西就是藏区了，放眼望去，一马平川的高原上尽是秀丽的风光。经过康定辖区内的重镇新都桥的时候，我发现这里的建筑风格又不一样，不见了康定市内那种藏汉混搭的建筑，而是白墙与朱红大门搭配的藏式民居。新都桥是进入康巴藏区后的第一站，我们在这里择路向南，于下午赶到了甲根坝乡的酒店。但甲根坝只是个歇脚的地方，我们放下行李后立即又启程，前往当晚的拍摄地—— 雅哈垭口景区。从甲根坝到雅哈垭口之间的景色很壮观，车子一路都行进在悬崖边的一条雪泥参半的窄路上，边开车边可以俯视悬崖下面的冰原与河道。太阳快要下山的时候，我们终于爬上了垭口，我也看到了此行最为让我印象深刻的景象。

雅哈垭口之所以被开发成景区，且游客众多，是因为它向东正对着有蜀山之王美誉的贡嘎山。贡嘎山是大雪山的主峰，海拔 7556 米，是四川境内乃至整个横断山

　　星月下的守望者

脉的最高山峰，藏语里它叫"木雅贡噶"，是藏族人心中的神山。贡嘎山与附近 40 多座高于 6000 米的山峰一起组成了雄壮的贡嘎群峰，在雅哈垭口可以一览无余，因此它是亲近雪山的绝佳之地，更是我们拍摄雪山星空的好机位。我们到达雅哈垭口的时候太阳正要落山，夕阳将贡嘎群山的雪顶染成了一片金色，形成了著名的"日照金山"奇观。幸运的是，经常笼罩在云里的贡嘎山主峰也露了出来，这对我们晚上的拍摄来说是一个不错的开端。

73 雅哈垭口的日照金山

74 雅哈垭口的贡嘎雪山

太阳落山以后，雪山褪去了金色，景区里的人也都离开了，最后只剩下我们两辆车，这时开始便是属于星空摄影爱好者的世界了。我们将脚架一字排开，冲向贡嘎群山所在的正东拍摄延时，过几个小时猎户座将从山后升起来，而现在要做的就只有等待天色完全黑下来。随着夜幕降临，温度下降得非常快，我明显感觉呼吸变得急促，头也开始疼起来了。我曾经在海拔 3100 米的青海大柴旦有过高原反应，而雅哈垭口的海拔有 4500 多米，因此我早就做好了应对的准备。从启程来川西之前的一个多月开始，我就遵循藏族朋友的建议，每日服用红景天以预防高原反应，此外身上也带着足够的药物以备不时之需。所以此时我不慌不忙地打开医药包，拿出一粒止痛片含在嘴里，包里还有满包的葡萄糖片、西洋参片

川西星空延时

一个小短片，记录上月底本月初在川西拍摄的星空延时。包括贡嘎主峰日转夜，木雅寺的猎户初升，以及木格措流动的彩色气辉。其中要强调下贡嘎主峰日转夜，画面细腻而立体，因为用了 EOS R 和 RF 85mm f/1.2。上次在张掖拍摄的天蝎座延时就是用的 85 这个焦段，后来在西澳拍摄的大麦哲伦星云延时也是，真的很震撼。

和携氧片。这个包我从北京一路带到雪山，到现在终于用上了，不知为何心里好像还对吃它们有一点点期待。

这天晚上的月相是新月，若不是贡嘎有白色的雪顶，恐怕会黑黑的很难拍。戴建峰和Petr还有猫先生开着另一辆车往更高的山坡去了，而我坐在车内，歪头看着巍峨的群山与星空，止疼片的药效开始发挥作用。我看着贡嘎峰冷峻的山体，心想如果这是个夏夜该有多好，那样就有壮美的银河中心了，对于贡嘎这种终年积雪的雪山来说，夏天也一定可以拍雪山银河。我仿佛看见灿烂的银河系从贡嘎山后面升起来，火红的心宿二又大又亮，好像汽车的车灯一般照亮贡嘎雪白的山顶。我被山下驶来的一辆车弄醒，再看贡嘎山，猎户已经升了起来。这时听见戴建峰在车外说话，得知猫先生也高原反应，而且好像比较严重。闷闷儿给了戴建峰肌苷口服液，那是一种对付高原反应的特效药，同时大家也都拍得差不多了，因此就决定下山回甲根坝的酒店休息。

一夜过后，猫先生和我都好了很多，但是这天他和两位朋友要提前回成都，因此我们就驱车返回康定机场给他们送行。送走了猫先生后，就剩下戴建峰、Petr、闷闷儿和我四个人，我们在机场附近学着藏民的风俗用石头堆了一个玛尼堆，并在里面藏了一颗地球模型，不知道下次再经过这里的时候是否还能找到它。

我们继续赶路，这一天的目的地是康定西北的塔公草原，那里有著名的塔公寺和木雅大寺。戴建峰一直想找一个有藏族风格的建筑物做地景，因此我们到了塔公后，就直接去勘查塔公寺的环境。塔公寺是藏传佛教之一萨迦派的寺庙，是藏民朝拜的重要圣地，游客也是非常多的。站在寺庙后面的山坡上可以越过塔公寺的金顶欣赏远处的雅拉雪山，也许正是这个原因，这个山坡被圈起来收费。我们看了一下这里的环境，估算到了夜晚一定会有很严重的光害，所以就放弃了它。去木雅大寺的过程比较曲折，我们先是按照路标走到一个村子里，后来没有找到寺庙的所在，于是便原路折回，来到另一处比较偏僻的寺庙，大家在这里勘查了角度之后并不满意，戴建峰便决定带着我们再去找别的地景。我们冲着远处半山坡一个金碧辉煌的寺庙开了很久，到了才发现这是一个类似佛学院的场所，貌似并不对外开放。然后大家就又顺着山坡继续走，误打误撞进入了一个只有觉姆（藏语，就是女僧人的意思）的村子。这个村子房屋稠密、道路狭窄，而且房屋依着陡峭的山坡建造，山坡顶部有一个很大的寺庙，我们到的时候可能是正好赶上某个仪式，上百个觉姆们都汇

星月下的守望者

聚在此，围着寺庙转经。大家被这阵势惊呆了，上网一查才知道，原来这个觉姆寺就是木雅大寺的一部分。我们顺着一条窄路继续向上，一直开到村子后面的高坡上，居高临下可以俯视整个觉姆村与寺庙，它冲着正西，正好是太阳、月亮以及银河即将落下的方向，这不正是我们想要寻找的地景么！和塔公寺相比，木雅大寺简直太低调了，不仅看不到成群的游客，就连找到它也如此困难，恐怕这才是真正的修行吧。

就这样，我们在觉姆村后面的山坡上把车停好，大家从日落开始拍，日落拍完了拍月落，月落拍完了再拍银河。拍完银河后，我们便把注意力放在了另一个方向上。我们面对觉姆村时，身后是更高的山坡，山坡再后面能

看见雅拉雪山的山尖。戴建峰出了个主意，他沿着山坡向上爬了几十米，让我用他和雅拉雪山做前景，拍摄后面升起来的御夫座的五车二。拍完之后我们都很满意，于是顺着这个思路再想，猎户座也马上就要升起来了，大家何不用长焦镜头拍一个猎户从山坡上升起的画面呢？就这样，我打开星图软件计算好位置，然后请闷闷儿做模特，我和她手里各拿着步话机，指挥她走到距离我们一两百米的山坡处等待着。午夜左右，猎户座箭袋三星最右面的那一颗（参宿三）在预定的位置露出了头，它的出现让我确信了计算的准确性，我们也更加兴奋了。夜晚冷得要命，星星走得很慢，闷闷儿干脆做起广播体操来热身，但是没过多久，雅拉雪山的后方便泛出了淡淡的光晕，那就是我们等待的，猎户座大星云！戴建峰用赤道仪架着 400 毫米的镜头，我用 200 毫米，闷闷儿还托付给我一个广角，三个相机都拍到了满意的画面。在我之后制作的延时视频里，猎户升起的速度与闷闷儿的广播体操节奏还比较搭配，效果如同计划好的一样出色。

这晚是我们此次川西之行遇到的最后一个晴天，也是印象最深的一个夜晚，不仅是因为寻找木雅大寺的戏剧性经历，以及拍摄猎户星云的成功，还有好多花絮值得怀念。比如我们在车里休息时，步话机突然串频了，对方是一个小姑娘的声音，以步话机的有效距离来分析，应该来自山下的觉姆村。闷闷儿和她对话了很久，虽然我们听不太懂她说的话，但是她天真的口气真的很甜美。还有一个小插曲是我们拍完了往回走的路上，一开始走错了方向，结果被迫在悬崖上一处又窄又陡又急的弯路上调头。Petr 下来给我们两辆车做指挥，大家小心翼翼地挪车，终于顺利调过头来走上了正确的道路。再一个小事就是当晚回到酒店后我又高原反应了，这次严重到无法入眠，只好凌晨三点多去敲闷闷儿的房门跟她要肌苷口服液。总之这一晚发生了很多事，大家过得都很充实。

在木雅大寺拍摄之后，我们顺着中国熊猫大道，经过丹巴和四姑娘山回到了平原地区。又在都江堰休整了一晚，于次日回到成都，与当地的星空摄影师聚了聚，见到了很多在网络上神交已久的朋友们。从川西的雪域高原回到温暖的成都，恍如两个世界一般，不仅是地形与气候上的差异，还有藏区的文化氛围给我的印象也特别深。我之前提到的那个藏族朋友，就是个来自理塘的摄影师，在她的镜头里我经常看到年轻僧人淳朴却充满力量的笑容，那是一种来源于内心的真正快乐，每张脸庞都让我为之动容。我相信这种强大的力量一定与圣洁的雪山和纯净的星空有关，有生之年我一定还会再去这片充满力量的土地。

Starry Sky
In Mengla

勐腊的星空

中国民间有句俗语叫做"三星正南，就要过年"，说的是每当入夜后猎户座的腰带三星到了正南方时，就快要过年了。近几年的春节我都是在不一样的城市度过的，因此每年我都会在除夕之前拍一张背景是这三颗星的照片，并且以具有当地特色的前景来搭配。2019 年春节，我随家人来到云南普洱游玩，除夕之前去了一趟西双版纳，我便利用这个机会，用南传佛教的建筑风格作为这一年的拍摄主题。

西双版纳傣族自治州在云南省的最南端，与老挝和缅甸接壤，属于北回归线以南的热带地区。走在首府景洪市的大街上，呼吸着腊月里温暖湿润的空气，看着若干傣族与佛教风格的建筑，很有异族他乡的感觉。西双版纳的佛教是南传佛教，又叫上座部佛教，现在盛行于斯里兰卡、越南、泰国等东南亚地区。位于景洪市城郊的西双版纳南传文化旅游区，是中国最大的南传佛教寺院，也是我此行比较关注的一个取景地。

《

南传文化旅游区的位置在景洪的最南郊，旅游区里有 45 米高的吉祥大佛，大佛后面的南莲山顶还有新修建的庄凯大金塔，这些坐南朝北的建筑后面是光害较小的山体，因此是比较理想的拍星地景。不过查阅了这些建筑的资料后我首先想到的却是月亮，这几天正是腊月的月尾，天气又比较通透，因此我临时决定在拍摄三星之前，先趁机去拍一个残月升。我在巧摄 App 里查了方位，幸运地发现当晚正好有一个拍摄大金塔月升的机会，机位在旅游区外的西北方，从卫星地图上看貌似是一片工地。于是我第二天早早起床，趁夜徒步来到那片工地，准备连勘景带拍摄一次完成。

前一晚的**星空延时**，愿佛祖保佑新年一切顺利。

⑱ 庄凯大金塔，吉祥大佛和景飘大佛

（

这样的拍摄是比较有挑战的，因为我之前并没来过景洪，来了之后也没到过南郊，更不了解机位附近的环境。我依赖的只是巧摄 App 提供给我的计算结果，以及百度地图的街景照片。到了工地我的心才放下了一半，因为至少拍摄环境还是比较令人满意的。软件计算的位置实际上是工地外的一片空地，周围没有特别亮的灯光，冲向大金塔的方位也没有任何遮挡。我躲在一排像是工人宿舍一样的平房后面，在它的阴影里把相机架好，透过取景器寻找远处的大金塔。庄凯大金塔在南莲山的山顶，是南传文化旅游区的第三期工程，我到景洪的时候它还正在修建，要查它的资料很难。在百度地图的街景照片里，它比旁边的吉祥大佛高出一大截，我就是这样估算它的高度的。好在当晚的天气还算通透，大佛和大金塔又都是金色的外表，因此从相机的取景器里很容易看见它们。位于半山腰的大佛露出一半的金身，在它身后不远就是庄凯大金塔锥形的塔顶，月亮就会从它们之间升起来。

这次拍摄很成功，我从月亮出现之前就开始启动延时，一直到月亮从指定位置升离画面后才结束，拍完后天已经大亮了。我把做好的延时视频和照片发了微博后，竟然吸引了南传文化旅游区李涛老师的注意，我也因此获得了一个非常难得的机会，可以在夜晚进到景区内拍摄星空。当天下午，李老师邀请我进入景区，一边带我参观一边勘查晚上的拍摄环境，到了晚上再由他的同事李顺新陪我一起去拍摄大佛。

南传文化旅游区以前叫勐泐大佛寺，寺院的建筑核心是靠近正门的正殿"景飘大殿"，造型宏伟且华丽，是在古代傣王朝的皇家寺院"景飘佛寺"的原址上重建的。傍晚我和顺新进来的时候景区已经关闭，但大殿里有僧众正在修持，走在殿外能听见讲经说法的声音。大殿后面是两条又长又宽的台阶，两条台阶并排向上，中间隔离带的花坛里用绿植书写着"大佛保平安"五个大字。台阶的左右两边各有四十个披着金色袈裟的罗汉石像，每个罗汉手中都拖着钵，意思是托钵化缘、代佛说法。

顺着台阶一直走到尽头，便来到了吉祥大佛的脚下。这是一尊释迦牟尼的立像，身高45 米，通体由黄铜浇铸而成。大佛的面容慈祥，微微向下对着景洪市，左手掌心向外下垂，右手捏着莲指平胸而出。顺新告诉我这是佛在教化我们要放下尘念、杜绝心魔，要我们心向美好才能摆脱一切痛苦。礼佛之后，我们来到下午看好的机位，却发现旁边有一盏灯非常刺眼，这是白天无法预料的情况，不过好在周围的空间很宽敞，躲避灯光并非一件难事。

我的位置离佛像很近，需要用焦距 35 毫米的镜头竖构图才能将佛像与猎户座完整装下。

C

拍完之后，我们从佛像的旁边继续向上走，到达位于山顶的一处平台。从地图上看，这里叫山顶公园，也就是离庄凯大金塔最近的平台。白天的时候我没有到这里，所以这是我第一次在这么近的距离看庄凯大金塔。大金塔的塔身表面金光闪闪，即使在夜里也不难分辨细节。我在泰国见过很多造型独特的佛塔，这次来景洪也有同样的感受，比如景洪市有座有名的曼飞龙白塔，一个主塔周围带有很多副塔，塔群的形状很像破土而出的春笋，因此这种塔也被称作笋塔。眼前的庄凯大金塔从外观来看与曼飞龙白塔如出一辙，两层副塔密集林立，中央是高高的主塔，打眼看去有点像童话里的城堡一样。我试拍了几张，发现下层副塔外的脚手架还未撤下，说明大金塔并没有完工。不过这并不影响整体的画面效果，反而对我来说可能是更好的拍摄时机，因为完工后有可能就会有景观灯了。庄凯大金塔在南莲山的山顶，塔后就是大山漆黑的南坡，因此星空很清楚，可以说是离景洪市最近的可以拍星的地方。

勐泐大佛寺月升延时

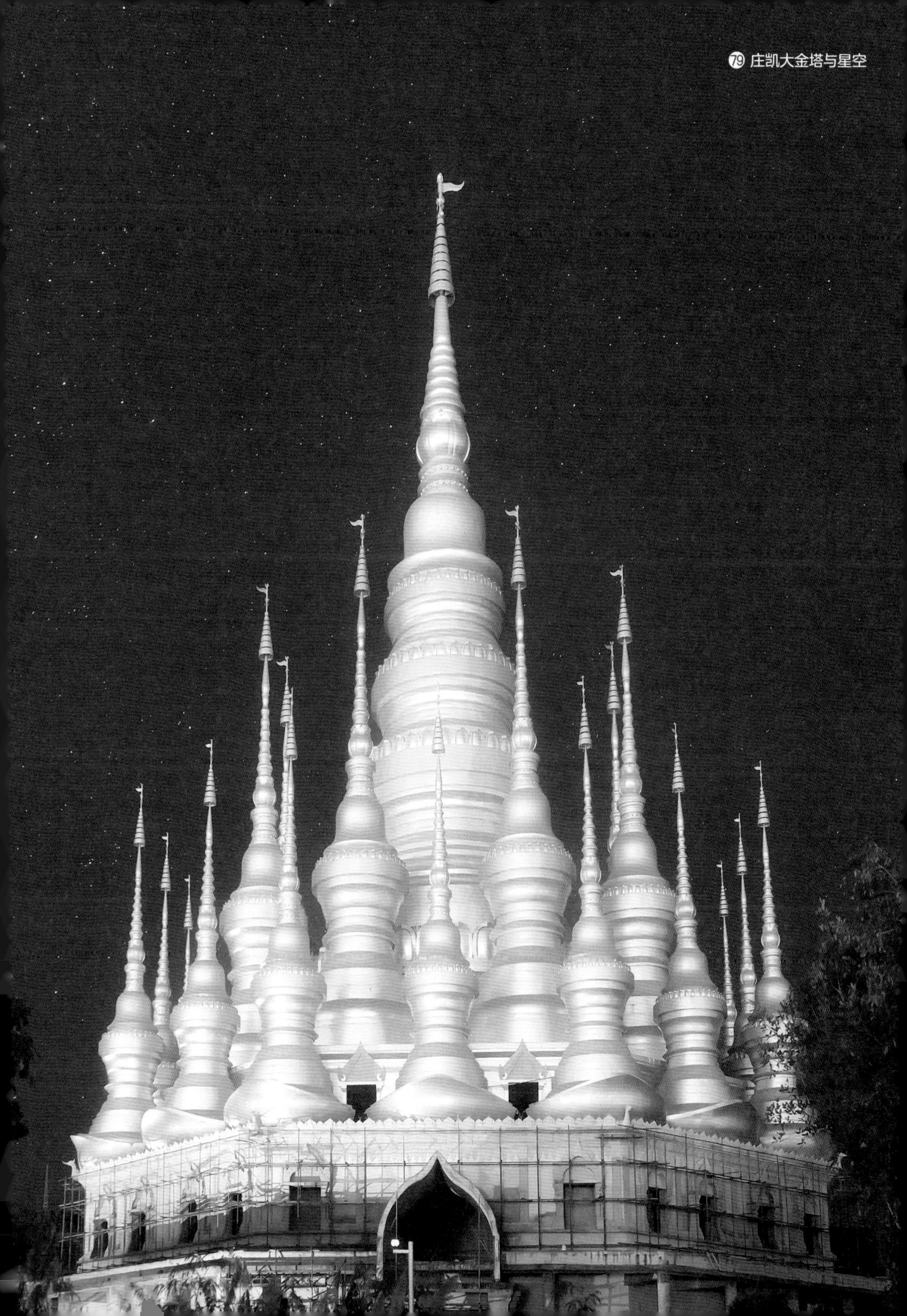

⑦⑨ 庄凯大金塔与星空

○

拍完大金塔之后回过头，我才发现在这个平台上所能看到的最佳景色并非是佛塔，而是吉祥大佛与其面对的景洪市。从这里看到的是大佛后背的上半部分，角度带一点俯视，让我有种从佛像的视角去看世界的感觉。大佛眼里的城市灯火辉煌，除了远处传来阵阵欢庆春节的音乐，耳边就只有山间树叶窸窸窣窣的声响。我想起上山时在台阶上看到的"大佛保平安"几个字，此时的这画面让我明白了它的用意。

我和顺新下山时还未到午夜，短短的几个小时我拍到了许多满意的照片和延时，是我此次云南之行的宝贵收获。这次在南传文化旅游区的拍摄经历也让我很幸运地与佛结了缘，之后的几个月我参加了微博佛学组织的两次活动，分别参观了五台山和少林寺，在高僧的开示下对汉传佛教有了深刻的认识；年尾又去了趟川西，走马观花地了解了雪域神山下的藏传佛教文化。无论是在云南、中原还是雪山，佛教的传播之广，足见它对我国文化的影响是深远的。虽然有不少人认为宗教与天文是格格不入的两种东西，但是在星空摄影的选题里，宇宙和人类文明永远不是对立的两个方面。人们对宇宙的认知也是经历了漫长的发展历程，天上的每颗星星都承载了不同文明下的不同寓意。就像猎户座的三星，在我国民间有一种说法，说它们指的就是福、寿、禄，把象征着幸福、富贵、长寿的三星，与保佑平安的吉祥大佛同框，不就是对新年最美好的一种祝愿么。

80 大佛与景洪市

Night
Of The Kangping Lake

糠平湖之夜

⑧1 雪地上的银河拱桥

3月初的北海道依然是白色的。

　　一驶出札幌，冰雪便占据了大部分的地表，窗外的世界沁人心脾，旅途的疲惫被一扫而光，连大巴车里的空气仿佛也变得清新了不少。进入山区，林子里的树都是光秃秃的，在平缓的车速下每一棵都看得真切，可是稍一发呆，它们就连成一片，齐刷刷地向后飞去了。偶尔眼前会闪现出一片雪原，露出远处苍劲的雪山，灰白色的山脊擎着雪顶，被看不清边际的云雾包围着，若隐若现。公路则如同一条在大地上开的槽，被厚厚的雪墙夹在中间，向前方弯曲、绵延。

☾

中途休息的时候，我穿起单衣走下了车，冰凉的空气立即浸透身体，汗毛隔着衣服竖了起来。眼前是半人高的雪堆，我在上面试探性地踩了一脚，鞋底下的雪既不松软，又不坚滑，是那种让人放心的、完美的硬度。回到车上，天色已渐晚。今天的目的地是糠平源泉乡的温泉酒店。导游开始介绍在日本泡温泉的注意事项，我则更关心窗外的天气。此次出行恰逢农历二月初一，一个无月之夜，是拍春季银河的大好时机。不过云图的预报并不乐观，面前的情况也好不到哪儿去，满眼都是乌云，看来今晚是拍不成了。

晚餐过后，我在酒店外转了转，抬眼望去果真是漆黑一片。我把闹钟调至早上五点，盘算着天亮前说不定可以遇到云洞。便拖着疲惫的身体洗洗睡了，没有去泡什么温泉。再睁眼的时候发现闹钟并没有响，我看了一下时间，才1点半多一点。我揉揉眼睛，顺着榻榻米爬到窗边，掀开窗帘用额头贴住玻璃使劲看去，天上竟然有很多星光！我急忙叫醒同屋的猫先生，两个人以最快的速度穿好衣服，提着装备出了门。来到室外再看夜空，星光非常明亮，天顶几乎没有云的迹象，实际情况和云图果然还是有出入的！我看着周围，虽然这是我第一次来日本，但这几天晚上每个住宿地附近的地形我都调查得一清二楚。我们酒店的南边紧挨着273号公路，它向西延伸几十米后便会拐一个接近180度的角，然后陡然向东北折回，通向糠平湖主湖的方向。

糠平湖的水源来自周围的高山，东南有一处大坝，将它围堵成一个南北狭长的湖。湖的南端向西折出一个湖湾，像糠平湖的"尾巴"一样，"尾巴"末端是一条源流，也就是源泉乡所在的位置。273号公路在这里拐弯，也是为了要绕过糠平湖的这个"尾巴"。因为从酒店步行到糠平湖主湖距离有点远，所以我的计划是就在公路上找一个地势较高的地方朝向东南拍摄，如果没有树林遮挡的话说不定可以看到糠平湖的湖湾。所以我和建荣便向西出发，沿着273号公路走了下去。

源泉乡并不大，走几步便没了路灯。我和建荣一前一后，把头灯拿在手里，走路的时候就照着脚下的冰雪，查看星空的时候就把它关掉。北斗七星非常明亮，勺子冲下高高挂在天上，说明这里的纬度比北京略高一些。猎户座已经西沉了，地平线上已经看不见它那显眼的三颗星。而东南方也有一排距离较远的三颗星，那是天蝎座的头部，银河中心就在它下方不远处。

☾

深夜走在冰冷的山路上，虽然明知身后百米就是人烟，但眼前山体的巨大黑影仍然让人敬畏。一会儿，前方传来若远若近的水声，我知道我们已经接近糠平湖的源流了。我们从左手边一条小径离开了公路，路口一个牌子上写着类似"登山入口"这样的文字。这条小径上全都是雪，只有两条被压得很深的车辙，通向西北的山里。来这里是计划之外，目的是查看是否有意外的景色。果然，在路边的雪里我们发现很多脚印，有一排很深的像是人踩出来的，另有两排小而浅的则不知道是什么动物，所有的脚印都通向水流的声音。继续往前走，越走水声越大，不久便来到了一座小桥旁边。驻足往桥下看，溪水围绕着盖满雪的石块，潺潺地流着，小溪的形状并不明显。我下桥考察了一番后，感觉没有合适的机位，便决定退回到 273 公路继续往前走。

此时是 2 点多，温度持续下降，我们呼出的热气在面前被头灯照亮，反射出粒粒冰晶，我开始后悔衣服穿少了。路两旁是与路基齐平的积雪，再往两边就都是树林。右面的树林虽然地势平缓，但足以挡住视线以至于让我们看不到湖面。左面的树林则长在高不可测的山坡上，坡度却并不是很陡，看样子爬上去应该没有什么问题。

我们来到左侧的路边，这里又遇到之前见过的那种动物的脚印，延伸到树林里。也许是狐狸吧？我和建荣猜测了一番，谁也说不出。我在它的脚印边踩了两下，脚下感觉很实在，但第三步踏出后，一下就踩进了雪里，一直没到大腿。建荣赶紧跑过来救我，我这才挣扎出来，退回到了公路上。我展开脚架试探雪的深度，发现路边的雪几乎都有半人高，看来爬上山坡争取制高点的计划行不通。

再往前走了几百米，右面的树林陡然向下，出现了一个山崖。这里视野超好，可以看见源泉乡的灯光，以及一点点糠平湖的湖湾。我在先前查看地图的时候对这个地形有点印象，实地考察发现比预想中要好很多。

美丽的北海道十胜川银河延时。

星月下的守望者

❽❸ 糠平湖的星空

☽

如果没有记错的话，左前方还有一条向上的山路，那里应该没有积雪，可以走到更高的地方。果然，我发现了地图上的那条路，上面也有车辙，说明是可以走的。可是我刚走了两步，不远处就传来一声尖锐的叫声，然后树林里便窸窸窣窣的。我连忙静止不动，那声音也戛然而止。仔细往树林里张望，什么也没有。不管是什么，我决定再也不去打扰它了。于是我们退回到路边，就在人行路上架起相机，不再继续走了，心想幸亏那可能是个狐狸而不是熊。

远处的山尖上，木星正冉冉升起，在它右边亮度稍弱一点的，是天蝎座的主星心宿二。今晚由这两颗星的位置可以确定银河系中心的角度和宽度，从而决定如何在镜头里构图。

我计划拍一个延时视频，记录银心从左到右旋转的过程，大概会持续两个小时。我看了一眼表，3 点了，此时温度一定不会高过零下十五摄氏度，所以我和建荣不停活动甚至往返慢跑，以免长时间不动而冻僵。

273 公路夜间并不寂静，平均每十分钟便有一辆运输物资的卡车开着远光灯呼啸而来，好在我们的相机都冲向路边，所以并不影响。从东边来的卡车经过我们身边之后，一路下坡消失在源流附近，然后转个弯到达源泉乡时则又会出现在我们的视野里，只不过已经变成远方缓缓移动的一排亮点了。我目送着它们穿过隧道无影无踪，这一切都将记录在我的延时里。

凌晨 5 点不到，云量开始增加了，除了木星、心宿二以及新升起来的土星，其他的星星已经很难分辨出来。

84 车灯与星空

星月下的守望者

天色也渐亮，进入凌晨的蓝调时段，黑夜已经结束了。

我记得上个月在云南普洱梅子湖的时候，天蝎座升起后至少还有五个小时的黑夜时间，而且高度也更高；而今天在北海道，银心露出得更少，也更低。

但在我看来这些都不重要，因为我享受的是在小桥下勘探地形，在路边偶遇狐狸，在雪堆里挣扎，在路上慢跑取暖等这一连串的拍星经历。这些才是最有趣的不是么？

Starry Sky
At Saipan

塞班的星空

2018 年 3 月，我和同事们来到了美丽的塞班岛，在这个以白沙滩和蓝海水闻名世界的地方拍摄星空。塞班岛位于日本以南、菲律宾以东的太平洋深处，北纬 15 度左右，能够看到绝大部分的银河系。行程安排在月圆之前的一周，因此只有后半夜才有机会看到银河，而以我对岛屿气候的了解，这个季节里的天气非常不稳，能不能遇到晴天就全看运气了。

85 鸟岛银河拱桥

（

　　不管怎样，出发之前我还是要做一些功课的。在查阅了光污染地图之后，我发现塞班岛虽然远离大陆，但拍星条件并不乐观。岛的西海岸以沙滩为主，所以是岛上游客的活动中心，塞班岛的吃住基本都在这边，因此光污染非常严重。几年前我第一次来塞班岛的时候，就尝试过在酒店外的沙滩上拍星，但结果除了橙红色的天空之外什么也拍不到。岛北边虽然不是食宿区域，但因为景点较多，因此道路也还修得不错。相比之下，岛的东岸地势复杂，景点也不多，旅行团基本都不往这里来。可能因为缺乏开发，所以东边的道路情况也非常糟糕。我上次来塞班一开始租的是辆普通的轿车，结果因为底盘太低，在东边的小路上举步维艰，直到我愤然换了一辆皮卡之后才终于到达了东海岸。虽然如此，东岸却更适合拍摄星空。这边沙滩少、礁石多、风浪大，而且人口密度低、光污染轻微。更重要的是，银河是从东边升起的。

　　我很幸运，来到塞班的次日便遇到了一个大晴天，我决定晚上先去鸟岛试试运气。鸟岛在塞班岛的东北部，是一个离海岸线很近、由石灰岩构成的小岛，有众多候鸟曾在这里栖息而得名，但我两次来塞班都没有在鸟岛看见过鸟。我和猫先生午夜前后从酒店出发，经过岛的北侧绕到东北方，离开市区后周围一片漆黑，只看得清车灯照射的区域。我们在鸟岛景区内下了车，迎着强劲的海风向黑暗深处张望鸟岛的位置。这里离海边虽然只有十几米，但是落差接近百米，关掉灯让瞳孔适应了黑暗之后，隐约可以看见鸟岛的影子。反而天上的云看得非常清楚，它们大片大片地从海上飞速飘来，刚才还在天边，顷刻间就移动到了头顶。我们身后是高耸的山崖，山中的树木被海风吹得哗哗作响，猫先生一直感觉山林里有奇怪的声音，于是我们便坐回车里，打开远光灯仔细查看，第二次世界大战时这里曾经发生过一次惨烈战役，几万日军和家属在附近跳崖自杀，深夜来到这里确实有理由让人心生不安。不过确定了没有异样之后，我和猫先生便分开行动，各自忙了起来。他在车附近拍摄，而我穿过面前的矮树，来到悬崖边一个天然的平台。这里视野要好很多，左边的鸟岛一览无余，右边是一个伸出去的海角，前方几米就是悬崖。我丝毫不担心掉下崖去，因为迎面的海风太猛烈，我需要很用力才能不被吹倒，但是这对脚架的稳定性是一个考验，所以我决定拍摄的时候全程都用双手扶着它。虽然这里位置不错，但天边的云真的是太多了，层出不穷，能抓住机会拍到完整的银心实属不易。好在月亮下山后有一段时间内云量有所下降，我最终拍了比较满意的照片，但是回酒店修图的时候发现，图片上的噪点很明显，可能是由于这里的温度和湿度都太高、空气不通透的原因吧。

难忘的鳄鱼头海滩之夜

　　第二天起来后发现，又是一个晴天，这回我准备再往海边走走，去鸟岛南边一个叫鳄鱼头的海滩。鳄鱼头海滩接近塞班岛正东的位置，是一个很少有游客前往的地方。这是因为通往鳄鱼头海滩的最后一截路非常难走，几百米的路上布满了深坑，即使是皮卡这样的车也要慢慢地择路而行。当晚除了猫先生之外，一同前来的还有另一个爱好摄影的同事李加敏，尽管走之前我已经向他们打好了预防针，但最终来到这条路之后，二人都是无法掩饰的惊讶。我发现这条路比我几年前来的时候更加难走，貌似在那之后它就没有修过，它在地图上是条有名字的正经八百的路，竟然能破烂成这个样子真让我非常不能理解。不过一路艰辛抵达目的地后，感慨这一切都是值得的。鳄鱼头海滩的礁石特别耐看，它的中文名来自于远方有一块礁石的形状，像一条鳄鱼的头一样伸向海中。海滩的近处有很多礁石平台，退潮后浮出水面，可以让我们尽可能靠近大海来取景。当晚的云量比前一天要少很多，银河从海平面下升起来的时候看得很清晰，我用鱼眼镜头拍摄了一段延时，画面中银河像一条色彩斑斓的桥一样跨过碧绿的海水，搭在两边的礁石上。我觉得鳄鱼头海滩可能是整个塞班岛上最完美的拍星之地。

（

临回国前，我们又遇到了一个好天气，当晚的月亮已经很圆了，月落和日出之间只有一个小时的空窗期可以拍银河，但我和同事张晨、米花还是出动了，这次前往岛北部一个叫自杀崖的景点。自杀崖位于塞班岛北部的山上，从这里向下可以俯视到最北端另一个著名景区万岁崖。很多人认为自杀崖和万岁崖是同一个地方，但我更相信另一种说法。据说当年守岛日军为了不被美军俘虏，逼迫着家属们跳海自杀，极端绝望的人们一边高喊"万岁"一边跳崖，那里因此而得名为"万岁崖"。而另一些军人因为会游泳，怕跳海无法达到殉国的目的，因而选择了山顶的一处悬崖来自杀，所以这个悬崖就叫作自杀崖。不管真相如何，当年的情形一定是非常惨烈的。此时的自杀崖上，月亮从云层后慢慢落下，银河在突然变暗的天色中显露出来，一片宁静而美好的景象。不久，天边泛出红色，血染的朝霞渐渐出现，银河终于淡入蓝色的天空里消失不见了。

　　　　　　　　　　　星月下的守望者

塞班岛一直不被拍星人看好，因为它光害大、机位少，天气又多变。而我也没想到在这种情况下，尤其是临近满月的一周内也能拍到三天银河。可能因为这一周我没有亲近大海，甚至连泳裤都没有拿出来，星空被我的虔诚感动了吧。虽然大家说的不错，塞班岛确实光害大、机位难找，天气又阴晴不定，但只要躲开喧闹的沙滩来到东岸，这边的星空确实能够给人留下深刻的印象。这里有低纬度地区壮丽的银河，银心位置之高在国内恐怕只有南海才能比及。因此在我的概念里，塞班岛已经不只是白沙滩和蓝海水了，它的星空也绝对值得称赞。

Impression Of
The Western Australia

西澳印象

2019 年 7 月，我随家人来到西澳大利亚，在那里度过了一个难忘的假期。西澳是澳大利亚最大的一个州，面积相当于西欧的大小。它濒临印度洋和南大洋，海岸线长达 12500 公里，地广人稀，有很多沙漠、盐湖以及世界级的自然奇迹，也是澳大利亚最富有原始自然景观的地方。但我行程的一半在西澳的西南部，属于冬季温和多雨的地中海式气候，据说这样的天气一直要到 8 月之后才能有所好转，所以我短短十天的行程里能有几次机会拍到星空，还真是个未知数。

☾

珀斯的阴雨印证了我的担忧，太阳每天都在和我们捉迷藏，一会儿晴一会儿雨的天气似乎是这里的常态。路上的行人好像也适应了这样的情况，少有几个人带着伞。我们在珀斯停留了两晚，直到第三天离开城市往北行进了两百公里之后，才驶出雨云。还有一个好消息，根据云图的预报，我将在行程中唯一计划拍星的景点遇到一次彻夜的晴天。

这次行程我只做了一个拍星计划，就是去拍摄南邦国家公园内的尖峰石阵（Pinnacles）。尖峰石阵位于珀斯以北 260 公里，是整个西澳大利亚州最知名的景点之一。我最早是从女星空摄影师 Tea-tia 的照片里得知这个地方，她在珀斯读书，但此时人在国内，从她的照片中可以看出，尖峰石阵的地貌非常独特，很具辨识性。尖峰石阵在太古时代曾是一片原始森林，在漫长的地质变迁中，森林先是沉入海中变成化石，然后又随着隆起的海底浮出水面，再经过雨水和风的长年侵蚀，最后在沙漠里风化成数千个石笋形态的石灰岩柱。这些石柱遍布公园内的各个角落，大的高达 5 米，小的却只有 10 厘米。有些石柱风化程度较轻，顶部比较平整，也有的风化很严重，顶部尖尖甚至分叉，但大多数都是上窄下宽的锥体，并在根部周围的地面上堆积着大量手指粗细的石灰岩。公园内有土路可供车辆通行，下车后也可以在石柱间步行穿梭，这种近距离接触的感觉很棒，像是巨人游走在小人国的山林里一样。

公园夜间也对外开放，因此我早上勘查好地景之后，傍晚又回到了公园内，为晚上的拍摄做准备。在尖峰石阵里找拍星的前景并不难，这里有很多自然凑成一群的

星月下的守望者

石柱，要么并排而立，要么像开会一样围在一起，都是很好的构图元素。我身边不远有一个石柱群，几块石柱紧紧围在一起，让我想起了佛祖的手掌。我把脚架放在"手指"当中的地面上，脚架的高度调至最低，再将相机接上鱼眼镜头仰面向上。夜幕降临后，半人马座的几颗亮星高高地闪耀着，银河越来越清晰，银心既完整又明亮。大自然对南半球的眷顾，也让我既羡慕又嫉妒。我趴在地上查看相机屏幕，发现银河和石柱全都被收纳在鱼眼镜头的画面里，这样的构图让我很满意，便调整参数开始了第一段延时的拍摄。

⑨ 半人马座

☾

这次出行我还带了一枚 EF 85 F1.2 的镜头，目的是拍摄南天星空的另一个标识性天体——大麦哲伦星云。大麦哲伦星云又叫大麦哲伦星系，它和小麦哲伦云一样都在南天极附近，因此对北半球绝大部分地区来说都是不可见的。大麦哲伦星云是银河系的伴星系，天文学家目前已经在其中发现了 60 个球状星团、数百个行星状星云以及数十万计的巨星和超巨星，所以它在夜晚是非常明亮的天体，甚至连月光都难以遮挡它的光辉。大麦哲伦星云的可视面积很大，相当于 200 多个满月之和，用 85 毫米这样的中焦镜头拍摄很合适。而且我带的这支镜头有 1.2 的大光圈，这也能极大缩短曝光的时间，使得拍出来的延时视频节奏会比较舒缓。大麦哲伦星云在地平线上的高度并不高，视线相对较平，因此我在公园里来回溜达，寻找适合它的地景。我要找的是适合在 50 米之外的距离拍摄的大型石柱，因为中焦大光圈的景深比较浅，需要较远的距离才能尽量把大麦哲伦星云与石柱同时拍摄清晰。我最终选中了一排平行而立的石柱，每根都在 3 米以上，有四五根，像狐獴一样前后站成一排。透过相机曝光可以看见石柱后面位于地平线上方的少量云雾，在光污染的照射下显得有些亮。不过这对我的拍摄并没有造成太大的影响，因为大麦哲伦星云的轨迹是从石柱上方经过的，那个高度的星空还算比较干净。

91 大麦哲伦星云

☾

这一晚的拍摄比较成功，前半夜公园里偶有一些车辆经过，总体来说没有受到打扰。后半夜海风中湿润且温暖的空气在沙漠的地表上凝结，让我的镜头蒙上了一层水雾，影响了我的几段延时，除此之外一切都很顺利。凌晨月出之后，尖峰石阵里的景色发生了巨大的变化，石柱面向月光的一面被照亮，地面上出现了一条条长长的影子，每个石柱两侧的凹凸表面上都呈现了明显的分界线，让它们的结构更加立体。

尖峰石阵是一个让人寻味的地方，我相信在这片公园里一定有很多可挖掘的地景，广角和长焦机位都非常适合。一晚的拍摄实在是走马观花，将来如果有机会再来的话，我一定还会有更多的收获。随后的两天里，我们从西澳的中部经过珀斯折回到西南部，又回到了多雨的地中海式气候。一连几天的阴雨已经让我对剩下的行程不抱什么希望了，但幸运的是，云图突然发生了变化，让我在回程之前又遇到了一个晴夜。

当时我住在西澳南部的巴瑟尔顿，除了靠近城市的巴瑟尔顿栈桥之外，对适合拍星的地景并不了解。好在 Teatia 对这附近比较熟悉，她向我推荐了附近一个叫舒格洛夫岩（Sugarloaf Rock）的景点，我看了她拍的美图之后，决定就去那里试试运气。舒格洛夫岩直译的意思是甜面包岩石，在西澳西南角的立文 - 纳多鲁利斯角国家公园的最北端，是一块被海水环绕的巨大花岗岩岛。我白天没有去过那里，因此对附近的路一点也不熟悉。夜里三点左右，我跟着导航来到景区停车场，停车场在悬崖边，只有海浪拍打礁石的巨大声响，却看不见海的踪影。我沿着一条不起眼的小径一路下坡走到了海边，眼前出现了礁石滩，这些礁石都有半人高，而且高低不平，我打开头灯努力向更远处张望，除了空气中弥漫着的飞沫之外什么也看不清，更别提所谓的舒格洛夫岩了。我静静地站在原地倾听了一会，感觉左边的海浪声比较凶猛，猜想那应该就是海水拍打巨岩的声音，因此决定朝那个方向走去。我左手抓着两支三脚架，右手空出来扶着礁石，深一脚浅一脚地向前迈进，礁石很滑，眼前又全都是飞沫，因此走得比较辛苦。每走几步，我就停下来一会儿，关掉灯顺着海浪声在黑暗中找寻巨岩的影子。也不知道走了多久，我终于隐约看见前方不远处有一个模糊的黑影，看形状十分接近照片上的样子，这就是舒格洛夫岩给我的第一印象。看到巨岩让我很受鼓舞，手脚的动作也变得坚定起来了。我麻利地爬上了一块较平整的礁石，在这里支起脚架，通过试拍来确定距离和方位。

92 巴瑟尔顿酒店的星空

　　　　　　　　　　　　　　星月下的守望者

○

这晚的天气非常晴朗，海面上几乎没有云，我和巨岩的距离刚刚好，银河在它身后很高的位置正慢慢下沉，我估计还有至少两个小时的拍摄时间。在巨岩右面目测几公里远的地方，有一道周而复始不停旋转的亮光，那是纳多鲁利斯灯塔，由于距离太远，它对我并没有太大影响。我在脚下找了一块半稳且坚固的礁石，用半高的脚架支起相机开始拍摄银河下沉的延时，然后走到一块位置好但坡度较大的礁石上，用另一台相机接片。可能因为礁石太滑了，拍摄的过程中脚架带着相机和镜头突然倒向一边，幸亏我及时抬起一条腿挡了一下，相机和镜头才没有重重摔在地上，但我却因为重心不稳而跪倒在地。索性我和设备都没有什么大碍，手在撑地的时候被礁石划破了点皮，脚架的一条腿摔得有点不太好使，倒是勉强能坚持这次拍摄。这次意外之后我变得分外谨慎，双脚如磐石般踩稳礁石，能不动绝对不动。接完片后，我把这幅受伤的脚架缩短到低位，让这套设备也拍摄延时，然后自己跑到另一块较高的礁石上坐着休息。银河与巨岩在黑暗里越来越清晰，相比之下我的两支相机工作灯反而显得越发刺眼了。

突然一道光从我身后一扫而过，我立即回头查看，只见在几十米远的悬崖边有两个小小的身影，灯光就是来自他们的方向。我此时的视力很好，能清楚地看见他们手中的脚架，所以这应该也是两个拍星的同好。他们站的位置就在停车场那里，因此应该是看见了我的车，但我不确定他们是否看得见我的相机灯，以及坐在石头上的我。不过有一点是可以肯定的，他们并不知道下到海边的路，两个人看样子在悬崖边来回试探，其中一人曾走下了几米，但随后又退缩了回去。从我这里看得很明显，他们所在的悬崖虽然不高，但比我来时走的那条小径要陡峭很多，也难怪他们没有勇气往下走。又过了一会儿，他们打算再尝试一次，我也决定不再沉默，便打开灯，帮他们从下方找路。这个时候我才发现，我身后确实是有一条弯弯曲曲的小路的，看样子一直可以通向悬崖顶端。我便用头灯照着路，一边走一边用英文大喊"这边走！这边走！"喊声淹没在海浪的呼啸声里，即使是我自己都听不太清。不知那两个人是看见了我还是听见了我的喊声，突然调过头迅速爬回了悬崖，然后就消失不见了。我懵了几秒，然后开始自责，也许他们认为我是来驱赶他们的吧？不过我不能离设备太远，所以只好回过头继续坐下，一边目送着木星沉入大海，一边无奈地苦笑。这件事之后那两个人就再也没有出现，但我却因此发现了一条上去的路，不用再按照原路爬礁石回去了。银河沉入海平面后，月亮也升起来了，我收拾好设备，在月光下轻盈地爬上悬崖，发现这条小路也就在顶端的时候比较陡峭，其实越往下越好走，如果不是被我"赶"跑了，那两位兄台一定能下得来。

这天的拍摄也大获成功，虽然以一副脚架作为代价，但在这里拍到的延时和照片可以说是我近年来最满意的银河作品。回到珀斯以后，我见到了刚从国内回来学校的 Tea-tia，她用西澳最有名的雪蟹来招待我们，席间也跟我介绍了许多澳大利亚的拍星胜地。难怪 Tea-tia 如此喜爱拍星，因为无论是尖峰石阵还是舒格洛夫巨岩，都是世界级的景观及星空，这样的地点在澳大利亚不胜枚举，确实是星空摄影师的天堂。不过雨季里我能在十天里遇用一曲海洋主题的音乐，为您呈现本次**西澳之行**的延时。雨季里十天能遇到两个晴夜，夫复何求！

到两个晴天，而且收获了四段星空延时和十几张照片，我已经非常满足了。反正星空还在那里，西澳的山河也不会改变，找没走到的地方就等以后再慢慢来体会吧！

Tour Of
North Island
新西兰北岛行（一）

2017年夏，趁着孩子暑假，我与家人到新西兰北岛玩了两周。这是我人生头一次来到南半球，对星空摄影爱好者来说，在新西兰拍星是必不可少的节目，因此从决定出行的那一刻起，我就无法压制心中的迫切与冲动。

☽

新西兰位于南太平洋，领土主要集中在北岛和南岛这两个大岛，是全球最美丽的国家之一。我们的第一站是北岛的重要城市奥克兰，这个城市给我最深刻的印象是它多变的天气，简直比三岁孩子的情绪还难以捉摸。各种速度和高度的云拥挤在奥克兰上空，晚上根本看不见云层以上的任何东西。不过我们到达奥克兰的时候是在月圆之日，因此也无所谓天气如何，反正也拍不了星空。

第一次看见星星是在出行的第四天，在奥克兰南边的小城罗托鲁瓦。晚饭后独自在酒店后面散步，扭头便看见了银河，比北京 100 公里外的村里看得还清楚。南天银河那突如其来的壮观和陌生，让我一时间瞠目结舌，像个完全不懂星空的门外汉一样分不清方向。顺着银河找到了银心，以及那熟悉的大暗隙，我这才摸清了银河的走向。大暗隙的一边是我熟悉的那一段银河，那里通向夏季大三角、仙女星系以及仙后座和北斗七星，此时全都深埋在地平线以下，那是家的方向。大暗隙的另一边，是我从未见过的这一段银河，亮星云集，绚烂多彩。天顶附近有四颗超亮的星，手中的星图告诉我，它们其中两颗属于半人马，

另两颗属于南十字。南十字比我想象中的大而且明亮，怪不得新西兰人要用它来装点自己的国旗。我往南十字的左侧努力寻找，想一睹大小麦哲伦星云的风采，可惜那个方向被该死的云挡住了。

在罗托鲁瓦的第二天，天气比之前要晴一些，因此夜幕降临后我准备好设备，来到酒店后面的河边准备拍摄银河。这是一条富藏地热的河流，岸边不停向上蒸腾的热气很快便与天上的云连成一片，把一部分的星空给笼罩了。蒸汽被路灯照耀，再经过相机的长曝光，好像山火一样通红，半人马座的恒星在云层与蒸汽的天然柔焦效果下显得又大又亮，所以虽然这次拍摄没有拍到一条完整的银河，但也有很满意的收获。

☾

　　离开罗托鲁瓦后，我们来到北岛中部的陶波城，这里有新西兰最大的湖泊——陶波湖。我们计划在陶波住三天，天气预报显示其中至少有一天是晴天，所以我摩拳擦掌计划拍摄一个银河拱桥。这个季节如果在北京，晚9点天完全黑下来后银河才会出现在天顶，凌晨4点左右便消失了，银心作为拱桥的一端，在南方地平线上空不高处划过，很容易受到光污染的影响而变得模糊不清。但我查阅了星图软件之后，发现这里的情况则完全不同，晚上7点左右银河便显现，从东北贯穿到西南，此时或许可以拍一条较高的银河拱桥：左端是天鹰座，中间是银心，右端是船底座，银心的大暗隙分叉向上，大小麦哲伦星云在桥内；然后银心越升越高，9点之后到天顶，这时候应该可以拍一条银河柱，底端是船底座，中间是银心，顶端是天鹰座，大小麦在左边地平线；等到午夜后，银河转到正西，看起来又能拍一条较低的拱桥，左端是船底座，中间是银心，右端是天鹰座，银心的大暗隙分叉向下，两个麦哲伦星云在左边拱桥外的位置。最后，我发现天明前好像还有机会拍一个银河横卧在地平线上方的景象，只是条件应该会比较苛刻，需要光害极小的地方。这些都是我根据星图做的理论推测，实际情况如何只有走出去拍了才知道。

　　我住在陶波湖北岸，面向西南，如果要设计一张以湖面为地景的拱桥，根据以上研究，我需要在午夜左右来到湖的东岸，于是在陶波的第一天我便将计划付诸行动。陶波湖的面积与新加坡相当，因此绕湖需要很长的时间，我开了很久的车才绕到东岸，来到一片富人区里，走几步就到了湖边的沙滩。这里离陶波城有一定的距离，光害较小，我看到清晰的银河已在湖面上就位了。只是天气并不乐观，湖面上云量增加的速度很快，银河随时都有可能被掩盖。而且月亮在我身后也马上就要冒出地平线，我需要与云和月赛跑，在银心被云覆盖之前，迅速拍到了一个接片。

95 地热星空

🌙

在陶波第二天的拍摄比较戏剧性。这天特别晴朗，所以我想早一点出发，打算在9点左右赶到北部的胡卡瀑布附近，拍一条银河柱。到了瀑布后我发现这个决定极为失策，虽然瀑布在白天看起来绝美，但到了晚上会产生大量水汽，我根本看不清瀑布在哪里。于是我又来到阿拉蒂亚蒂亚水坝附近，这里有一条特别漂亮的湍流，是电影《霍比特人·史矛革之战》里矮人骑着木桶漂流的拍摄地，但此时它也笼罩在浓雾里。无奈之下我只好沿着怀卡托河寻找，在河边曲折的山路上观察适合拍摄银河的地景。月亮出现后，我知道我不

96 陶波湖上的银河

能再浪费时间了，便决定以路边一棵孤零零的树为地景开始拍摄。我用的是一支 50 毫米焦距的镜头，用它拍接片需要拍摄 120 多张，等全部拍完之后已经临近午夜，我的周围全是雾气。这时候月亮也很高了，银河正在变淡，我知道今晚的拍摄只能到此为止了，便收拾东西准备回酒店。但没想到就在这时，这个糟糕的环境却让我目睹一个非常奇妙的现象，在我面前出现了一条带着淡淡色彩的半圆形拱桥。我立即意识到，这是由雾气折射月光而产生的雾虹，于是急忙拿出鱼眼镜头，用了不到半分钟便把它和天上的银河一起收入了画面。

97 月雾虹

🌙

　　虽然拍到了满意的银河雾虹，但在南半球没有拍到大小麦哲伦星云却一直是我心中的遗憾，好在老天很快便给了我一个机会。离开陶波湖后，我们顺着湖的南岸来到汤加里罗国家公园。汤加里罗国家公园是一个火山公园，包括三座著名的活火山：汤加里罗、鲁阿佩胡和恩奥鲁霍艾。7 月是新西兰的冬季，这三座火山的山顶都被白雪覆盖着，站在鲁阿佩胡火山的山顶滑雪场，周围是一片洁白的雪和云，景色特别壮观。我们在火山公园的第二天便遇到了一个大晴天，一直到午后都没有一丝云彩。但基于对新西兰气候的认识，我认为天气预报并不可信，因此决定下午先绕着几座火山踩踩机位。汤加里罗国家公园的区域很广阔，由 5 条高速公路（和我们的国道差不多）围绕而成，总长目测 200 公里左右。我们边走边看，一路标记了几个可以作为机位的地方，作为晚上的备选。

○

　　果不其然，晚饭之后就变了天，从满天繁星到乌云密布只用了不到 10 分钟。而天气预报更加糟糕，整个国家公园地区似乎被阴雨占领了，公园的北面、西面和南面三个方向的城市都是雨，只有东南的怀乌鲁地区有一点机会。但那里和我处在对角线的位置，也就是说无论我怎么绕都要开上 100 公里的车。我查了一下接下来的行程，貌似再也难遇到晴天，所以就决定驱车前往怀乌鲁碰下运气。经过近两个小时的驾驶，我来到了怀乌鲁地区。我把车停下来仰头观察，这里没有让我失望，满天的繁星比陶波那天更加壮观。我驶进一条小路，来到远离公路的一片雪地附近，这里虽然看不见雪山，但我也没有别的选择，只好用雪地和车做前景拍摄银河，并且每组照片都带了大小麦哲伦星云。

虽然之后的行程里还拍到了几次银河，但再也没有遇到这样的晴天。而且入夜后的银拱一直没有机会拍到，更别提黎明前地平线上的那个更高难度的构图了。提到这个银河横卧的构图，其实在汤加里罗国家公园的那晚我心中已经有了盘算。当晚在查看天气的时候，我曾注意到在汤加里罗正西很远的地方有一个显著的火山地貌，那是北岛第二高峰——塔

星月下的守望者

拉纳基山的方向。塔拉纳基号称新西兰最完美的火山，看到它周围的地理环境，我眼前立即浮现出这样的画面：凌晨前的西方，塔拉纳基山巍然屹立着，银河水平穿过它雪白的山顶，卧在地平线上方，图画如此壮美，让我恨不得马上插翅飞过去。虽然当时我没有勇气往返600公里走这一趟，但为了这个计划我等了一年，这便是我第二次去新西兰的主要原因。

99 雪地上的银河

Tour Of
North Island
新西兰北岛行（二）

2018年8月的一天傍晚，在飞机上蜷曲了12个小时之后，我再次来到奥克兰，准备二刷新西兰。来接我们的依然是好友 Amy 的老公，他从奥克兰北部跨过整个市区来到机场，在冰冷小雨里把我们送入市中心的酒店，让我们丝毫没有感觉出南半球的冬意。次日提了车，我们一家三口便径直前往此行的第一站，塔拉纳基山下的小镇斯特拉特福德（Stratford）。这是一次计划良久的出行，虽然旅期只有9天，但雪山、沙滩、人文、自然应有尽有，一补上次北岛之行的遗憾。我对整个计划仅做了一条建议，那就是先去塔拉纳基火山。

塔拉纳基（Taranaki）是毛利语，意为闪耀的山峰，它还有个来自库克船长的名字，叫艾格蒙特（Egmont）。但我更喜欢塔拉纳基，听起来更酷，也更神秘。即使晴朗天气里，塔拉纳基山顶也经常被云笼罩，其真面目并不多为人所见，我们抵达斯特拉特福德时就是那样。不过云图却预测第二天晚上天气会好转，塔拉纳基山顶将迎来两周内唯一的一个晴夜。

100 浓云笼罩的塔拉纳基山

☾

第二天一早下起了小雨，我们前往塔拉纳基国家公园游客中心。游客中心建在火山的东北坡，需要开很长一段陡然向上的山路。站在游客中心停车场，我感觉山顶就在眼前，只不过四周白茫茫一片，并不知道它在哪里。中午，我们来到斯特拉特福德南部的小镇哈维拉（Hawera），远远参观了南半球最大的奶制品加工厂。登上哈维拉有名的水塔朝塔拉纳基山望去，只见大量的云正从海面爬上岸，压住山腰盖过山顶，恨不得把整个山给吃掉，天气看来并没有什么起色。下午在海滨小镇奥旁纳克（Opunake）享受了新西兰的经典小吃炸鱼薯条，之后赶往芒格努伊滑雪场。刚离开奥旁纳克，远处的塔拉纳基山顶突然从云里露了出来，锥形山尖盖满白雪，周围翻滚着浓云，远看犹如挂在天幕的一幅油画。但好景不长，没几分钟雪顶又隐入云中了。一直到我们爬上滑雪场，来到雪顶的脚下，它也没再露出来。

下山时发生了一个小插曲，我们在山坡上遇到一辆抛锚的车，以及车内三男两女共五个印度学生。询问得知，他们来自50公里外的新普利茅斯（New Plymouth），其中一个男生买了辆二手车，于是带着同学们来看雪山，结果车出了问题，几个人站在山坡上瑟瑟发抖，却连雪的影子也没见着。长话短说，最后我把他们送回了学校，孩子们对我千恩万谢，频频摇头（印度人这样做表示肯定和赞同）。等我再赶回酒店已是晚上8点多了，天已经全黑，我简单吃了点东西就前往滑雪场，祈求今夜雪山能赐给我一个好天气。

月亮已经很高，当晚的月相是上弦月（月亏至月圆的半程）。若在北京，上弦月一般只能升到南方几十度高，而在这里却高过天顶还要偏北。月海看得很真切，只是危海转到了静海下方，与北半球正好颠倒。天上还是有一层薄云，在月的周围留下彩色月华。借着月光远望塔拉纳基山，貌似那里的云已经少了很多。上山时我开得非常慢，因为白天注意到路上有很多融化的雪水，一旦晚上路面结冰会很危险，还好一路并未发生险情，顺利到达滑雪场。滑雪场停着一辆房车，车内灯光明亮，人头攒动，从外面却听不到一点声音。巨大的塔拉纳基山顶就在眼前，只露出右边的一半，在月光下雪白明亮。云从左边山坡后层出不穷，径直越过我的头顶，近到触手可及，整个滑雪场安静得出奇，仿佛可以听到它们飘过的声音……

☽

扭头往左看，南十字座已经开始向东旋转。这个季节，入夜时银河会南北竖直，南十字位于南极座的西南；随着群星东升西落，凌晨两点左右银河会水平卧在西方地平线；待到四点，银心沉下地平线，南十字转到南极座东边，同时升起船底座、猎户座、双子座和金牛座，那是银河系的外圈，俗称冬季银河；日出前冬季银河会在东南地平线上方形成一个拱桥，如果几天后我到了东海岸遇到好天气，可以拍一下冬季银河与海岸的组合。不过今晚我最关心的是两点左右的水平银河，那时月已落山，正是我等了一年的最佳拍摄时机！

10 点了，天上的云仍然很多。看着慢慢接近山坡的月亮，我意识到一个早该发现的问题：这个机位离山太近了，若是两点银河横过来，银心很可能会被巨大的山体挡住，那可不是我想要的。于是我决定下山，前往今天第一个踩点的机位，塔拉纳基国家公园的游客中心。从滑雪场到游客中心直线距离不过几公里，但我需要下山去绕一个大圈，等我到游客中心停车场时已经 11 点半了。

停车再看山顶，发现云已经奇迹般完全散了！塔拉纳基山顶是个对称的圆锥，积雪均匀覆盖在圆锥顶端，在月光下柔和而洁白。这里相距山顶显然要比滑雪场更远，月亮远离山坡，回到了较高的位置。银河像个跷跷板一样斜在山上，左边用低垂的南十字搭住山坡，白茫茫的银心在右边越过月亮，甩至天际。而银心正对的东南天区，差不多与月亮同样高度，有一大一小两团白色，那是银河系的两个伴星系，大小麦哲伦星系。目光所及之处，繁星疏密相错，明暗相间，闪耀不止，无穷无尽，却没有一丝云，这就是塔拉纳基山顶少有的晴夜。

凌晨 1 点，车外温度只有 2 摄氏度，我感觉脚有些冷。其实我穿得并不少：四层衣服两层裤子，帽子、手套、围巾甚至袜子都是羊毛的，只有鞋还是北京穿来的那双单鞋。我不想在车里坐着，便在游客中心转悠。我白天来过这里，所以并不陌生，从我所在位置沿路往下几十米有一个现代化玻璃建筑，那是游客中心的主楼，里面现在有微弱的灯光；若返回停车场沿路往上再走十几米，跨过栏杆则有一栋欧式房子。房子左边有条小路通向幽

暗的树林，那是一条三公里长的人行步道，穿过树林便是积雪，巨大雪顶就在眼前。我跺跺双脚，看了一眼银河的高度，决定返回停车场，不走那条路。

⑩ 塔拉纳基雪顶银河　　　　　　　　　　🔍 大图（见海报）

⟨

　　终于，月亮碰到山坡，然后迅速下沉，很快就消失得无影无踪。雪山变成了一个巨大黑影，星光突然扑面而来，繁星仿佛就在头顶，让我目瞪口呆，瞳孔张到了极限。没有月光的干扰，红色火星显得格外精致而夺目。宽阔的银河闪耀着波光，横跨在塔拉纳基山顶之上，暗星云像定格在水里的墨汁，把银心刻画成熟悉的形状。大小麦哲伦星云则如同甩在夜空上的两片荧光颜料一样，随意却又如此和谐。这就是星空，宇宙不可否认的真理，是一切问题的答案，也是一切物质的归宿。而现在，我要用我的相机，把它记录下来……凌晨5点，在荧荧星光下，我离开了塔拉纳基山。一年前的心愿终于实现，我拍到了想要的画面。过去几个小时如同每一个拍星的夜晚，让我既兴奋又平静。我一直觉得星空具有一种力量，它震撼，足以激荡最麻木的灵魂，它又深邃，足以抚慰最悸动的心绪。

（

　　离开斯特拉特福德后，我们在雨中开了一整天的车，天黑来到位于北岛东海岸的陶朗加（Tauranga），这里有号称全新西兰最新鲜的炸鱼薯条。随后的两天一直都在下雨，但根据云图的指引，第二天晚上在陶朗加以南五十公里的地方，我又找到了一个晴夜。由于并没有提前勘查地景，因此我只好再次用租来的车做前景拍摄。

103 哈黑海滩的星空和月光霞

　　　　　　　　　　星月下的守望者

Hahei 海滩的月落

最后去的科罗曼德半岛（Coromandel）是此行最值得推荐的地方，小镇哈黑（Hahei）更是海滩秀丽、景色宜人。回程的前一天凌晨，我又遇到一个晴天，于是正如之前所期待的那样，我拍到了日出前的冬季银河拱桥。此次北岛之行得以完美收官。

相机拍摄专业数据说明

Technical Data Of Shooting

* 仅摄影作品有参数

1

相机机身型号	Canon 6D	画面曝光时间	30s, x5
镜　　　头	SIGMA 300 APO, HLEQ II	焦　　　段	300mm
光 圈 值（F）	4	感光度（ISO）	3200
拍 摄 时 间	22:30:00 Dec/02/2016		

3

相机机身型号	Canon 6D	画面曝光时间	30s, x5
镜　　　头	SIGMA 300 APO, HLEQ II	焦　　　段	300mm
光 圈 值（F）	4	感光度（ISO）	3200
拍 摄 时 间	00:25:00 Nov/18/2017		

5

相机机身型号	Canon 6D	画面曝光时间	300s, x5
镜　　　头	SHARPSTAR CF90, ZEQ25	焦　　　段	600mm
光 圈 值（F）	6.7	感光度（ISO）	6400
拍 摄 时 间	23:13:00 Dec/01/2016		

6

相机机身型号	ZWO 183MC Camera	画面曝光时间	300s, x10
镜　　　头	SHARPSTAR CF90, CEM25	焦　　　段	600mm
光 圈 值（F）	6.7	感光度（ISO）	6400
拍 摄 时 间	22:01:00 Dec/02/2019		

7

相机机身型号	Canon 6D	画面曝光时间	300s, x5
镜　　　头	SHARPSTAR CF90, ZEQ25	焦　　　段	600mm
光 圈 值（F）	6.7	感光度（ISO）	6400
拍 摄 时 间	00:15:00 Dec/02/2016		

8

相机机身型号	Canon EOS 6D Mark II	画面曝光时间	10s
镜　　　头	35mm F1.4 DG HSM	Art 012	焦　　　段	35mm
光 圈 值（F）	1.4	感光度（ISO）	6400
拍 摄 时 间	00:48:23 May/17/2020		

9

相机机身型号	Canon EOS 6D	画面曝光时间	20s
镜　　　头	20mm F1.4 DG HSM	Art 015	焦　　　段	20mm
光 圈 值（F）	1.4	感光度（ISO）	6400
拍 摄 时 间	05:25:43 Feb/25/2017		

10		相机机身型号	Canon EOS 6D	画面曝光时间	20s
		镜 头	SAMYANG 12 FISHEYE	焦 段	12mm
		光圈值（F）	2.8	感光度（ISO）	6400
		拍 摄 时 间	19:54:18 Jan/03/2017		

11		相机机身型号	Canon EOS 6D	画面曝光时间	120s
		镜 头	EF50mm f/1.8 II	焦 段	50mm
		光圈值（F）	1.8	感光度（ISO）	1600
		拍 摄 时 间	05:49:30 Feb/25/2017		

13		相机机身型号	Canon EOS 6D	画面曝光时间	13s
		镜 头	EF200mm f/2.8L II USM	焦 段	200mm
		光圈值（F）	4	感光度（ISO）	12800
		拍 摄 时 间	04:43:57 Apr/14/2019		

14		相机机身型号	Canon EOS 6D	画面曝光时间	1/500s
		镜 头	35mm F1.4 DG HSM | Art 012	焦 段	35mm
		光圈值（F）	8	感光度（ISO）	400
		拍 摄 时 间	18:29:28 Sep/01/2019		

15		相机机身型号	Canon EOS 6D	画面曝光时间	5s
		镜 头	35mm F1.4 DG HSM | Art 012	焦 段	35mm
		光圈值（F）	2	感光度（ISO）	6400
		拍 摄 时 间	21:55:03 Sep/01/2019		

16		相机机身型号	Canon EOS 6D	画面曝光时间	1/3s
		镜 头	SIGMA 300mm APO	焦 段	300mm
		光圈值（F）	2.8	感光度（ISO）	3200
		拍 摄 时 间	03:24:47 May/07/2017		

17		相机机身型号	Canon EOS 6D	画面曝光时间	13s
		镜 头	SAMYANG 12 FISHEYE	焦 段	12mm
		光圈值（F）	2.8	感光度（ISO）	6400
		拍 摄 时 间	21:16:39 Sep/01/2019		

18		相机机身型号	Canon EOS 6D	画面曝光时间	10s
		镜 头	SIGMA 50mm 1/4ART	焦 段	50mm
		光圈值（F）	1.4	感光度（ISO）	1600
		拍 摄 时 间	03:11:20 May/07/2017		

19		相机机身型号	Canon EOS 6D	画面曝光时间	5s
		镜　头	35mm F1.4 DG HSM | Art 012	焦　段	35mm
		光圈值（F）	1.4	感光度（ISO）	6400
		拍摄时间	20:43:37 Sep/01/2019		

20		相机机身型号	Canon EOS 6D	画面曝光时间	1/500s
		镜　头	35mm F1.4 DG HSM | Art 012	焦　段	35mm
		光圈值（F）	8	感光度（ISO）	400
		拍摄时间	18:27:02 Sep/01/2019		

22		相机机身型号	Canon EOS 6D Mark II	画面曝光时间	6s
		镜　头	EF85mm f/1.2L II USM	焦　段	85mm
		光圈值（F）	1.8	感光度（ISO）	5000
		拍摄时间	19:35:56 Dec/01/2019		

23		相机机身型号	Canon EOS 6D Mark II	画面曝光时间	13s
		镜　头	14mm F1.8 DG HSM | Art 017	焦　段	14mm
		光圈值（F）	1.8	感光度（ISO）	6400
		拍摄时间	23:45:13 Dec/02/2019		

24		相机机身型号	Canon EOS 6D Mark II	画面曝光时间	15s
		镜　头	14mm F1.8 DG HSM | Art	焦　段	14mm
		光圈值（F）	1.8	感光度（ISO）	4000
		拍摄时间	21:09:32 Dec/01/2019		

25		相机机身型号	Canon EOS 6D Mark II	画面曝光时间	15s
		镜　头	14mm F1.8 DG HSM | Art	焦　段	14mm
		光圈值（F）	1.8	感光度（ISO）	4000
		拍摄时间	00:09:51 Dec/02/2019		

26		相机机身型号	Canon EOS 6D Mark II	画面曝光时间	15s
		镜　头	14mm F1.8 DG HSM | Art 017	焦　段	14mm
		光圈值（F）	1.8	感光度（ISO）	4000
		拍摄时间	00:12:05 Dec/02/2019		

27		相机机身型号	Canon EOS 6D Mark II	画面曝光时间	15s
		镜　头	14mm F1.8 DG HSM | Art	焦　段	14mm
		光圈值（F）	1.8	感光度（ISO）	6400
		拍摄时间	23:17:09 Dec/02/2019		

星月下的守望者

28		相机机身型号	Canon EOS 6D Mark II	画面曝光时间	6s
		镜　头	EF85mm f/1.2L II USM	焦　段	85mm
		光圈值（F）	1.2	感光度（ISO）	1600
		拍　摄　时　间	20:34:27 Dec/01/2019		

29		相机机身型号	Canon EOS 6D	画面曝光时间	13s
		镜　头	14mm F1.8 DG HSM | Art 017	焦　段	14mm
		光圈值（F）	1.8	感光度（ISO）	12800
		拍　摄　时　间	22:21:39 Nov/21/2019		

30		相机机身型号	Canon EOS 6D	画面曝光时间	13s
		镜　头	35mm F1.4 DG HSM | Art	焦　段	35mm
		光圈值（F）	1.8	感光度（ISO）	5000
		拍　摄　时　间	02:27:24 May/28/2019		

31		相机机身型号	Canon EOS 6D	画面曝光时间	25s
		镜　头	SAMYANG 12 FISHEYE	焦　段	12mm
		光圈值（F）	2.8	感光度（ISO）	12800
		拍　摄　时　间	02:51:46 May/28/2019		

32		相机机身型号	Canon EOS 6D	画面曝光时间	15s
		镜　头	35mm F1.4 DG HSM | Art 012	焦　段	35mm
		光圈值（F）	2.8	感光度（ISO）	5000
		拍　摄　时　间	03:13:47 May/28/2019		

33		相机机身型号	Canon EOS 6D Mark II	画面曝光时间	5s
		镜　头	SAMYANG 12 FISHEYE	焦　段	12mm
		光圈值（F）	2.8	感光度（ISO）	1000
		拍　摄　时　间	01:34:24 Dec/14/2019		

34		相机机身型号	Canon EOS 6D Mark II	画面曝光时间	5s
		镜　头	SAMYANG 12 FISHEYE	焦　段	12mm
		光圈值（F）	2.8	感光度（ISO）	1000
		拍　摄　时　间	02:21:19 Dec/14/2019		

35		相机机身型号	Canon EOS 6D	画面曝光时间	5s
		镜　头	35mm F1.4 DG HSM | Art 012	焦　段	35mm
		光圈值（F）	1.8	感光度（ISO）	12800
		拍　摄　时　间	03:26:18 Aug/13/2019		

36		相机机身型号	Canon EOS 6D Mark II	画面曝光时间	10s
		镜　头	35mm F1.4 DG HSM	Art	焦　段	35mm
		光圈值（F）	1.4	感光度（ISO）	6400
		拍摄时间	00:24:59 May/22/2020		

37		相机机身型号	Canon EOS 6D	画面曝光时间	25s
		镜　头	SAMYANG 12 FISHEYE	焦　段	
		光圈值（F）	2.8	感光度（ISO）	20000
		拍摄时间	02:24:41 Aug/02/2019		

38		相机机身型号	Canon EOS 6D	画面曝光时间	13s
		镜　头	35mm F1.4 DG HSM	Art	焦　段	35mm
		光圈值（F）	1.4	感光度（ISO）	10000
		拍摄时间	01:49:40 Aug/02/2019		

39		相机机身型号	Canon EOS 6D	画面曝光时间	30s
		镜　头	SAMYANG 12 FISHEYE	焦　段	12mm
		光圈值（F）	2.8	感光度（ISO）	3200
		拍摄时间	22:38:38 Aug/12/2017		

40		相机机身型号	Canon EOS 6D	画面曝光时间	20s
		镜　头	SAMYANG 12 FISHEYE	焦　段	12mm
		光圈值（F）	2.8	感光度（ISO）	3200
		拍摄时间	00:18:00 Aug/13/2017		

41		相机机身型号	Canon EOS 6D	画面曝光时间	5s
		镜　头	SAMYANG 12 FISHEYE	焦　段	12mm
		光圈值（F）	2.8	感光度（ISO）	3200
		拍摄时间	23:18:21 Aug/13/2017		

42		相机机身型号	Canon EOS 6D	画面曝光时间	15s
		镜　头	35mm F1.4 DG HSM	Art	焦　段	35mm
		光圈值（F）	2	感光度（ISO）	6400
		拍摄时间	02:14:42 Aug/13/2018		

44		相机机身型号	Canon EOS 6D	画面曝光时间	1/60s
		镜　头	EF200mm f/2.8L II USM	焦　段	200mm
		光圈值（F）	32	感光度（ISO）	1600
		拍摄时间	19:09:58 Aug/11/2018		

45		相机机身型号	Canon EOS 6D		画面曝光时间	1/4000s
		镜　　头	EF200mm f/2.8L II USM	焦　　段		200mm
		光圈值（F）	32	感光度（ISO）		100
		拍 摄 时 间	18:47:21 Aug/11/2018			

50		相机机身型号	Canon EOS 6D		画面曝光时间	20s
		镜　　头	35mm F1.4 DG HSM	Art	焦　　段		35mm
		光圈值（F）	2.8	感光度（ISO）		6400
		拍 摄 时 间	23:53:12 Aug/12/2018			

51		相机机身型号	Canon EOS 6D		画面曝光时间	15s
		镜　　头	SAMYANG 12 FISHEYE	焦　　段		12mm
		光圈值（F）	2.8	感光度（ISO）		12800
		拍 摄 时 间	03:58:42 Aug/13/2018			

52		相机机身型号	Canon EOS 5D Mark III		画面曝光时间	15s
		镜　　头	SAMYANG 12 FISHEYE	焦　　段		12mm
		光圈值（F）	2.8	感光度（ISO）		12800
		拍 摄 时 间	00:43:29 Dec/14/2017			

57		相机机身型号	Canon EOS-1D X		画面曝光时间	10s
		镜　　头	SAMYANG 12 FISHEYE	焦　　段		12mm
		光圈值（F）	2.8	感光度（ISO）		12800
		拍 摄 时 间	19:12:54 Dec/13/2017			

58		相机机身型号	Canon EOS 5D Mark III		画面曝光时间	15s
		镜　　头	SAMYANG 12 FISHEYE	焦　　段		12mm
		光圈值（F）	2.8	感光度（ISO）		12800
		拍 摄 时 间	00:37:16 Dec/14/2017			

59		相机机身型号	Canon EOS 6D		画面曝光时间	20s
		镜　　头	EF14mm f/2.8L II USM	焦　　段		14mm
		光圈值（F）	2.8	感光度（ISO）		12800
		拍 摄 时 间	03:49:58 May/11/2019			

60		相机机身型号	Canon EOS 6D		画面曝光时间	25s
		镜　　头	EF14mm f/2.8L II USM	焦　　段		14mm
		光圈值（F）	2.8	感光度（ISO）		12800
		拍 摄 时 间	01:29:04 May/11/2019			

61		相机机身型号	Canon EOS 6D	画面曝光时间	6s
		镜　　　头	EF85mm f/1.2L II USM	焦　　　段	85mm
		光圈值（F）	1.2	感光度（ISO）	12800
		拍 摄 时 间	01:04:52 May/11/2019		

62		相机机身型号	Canon EOS 6D	画面曝光时间	30s
		镜　　　头	EF8-15mm f/4L FISHEYE USM	焦　　　段	8mm
		光圈值（F）	4	感光度（ISO）	25600
		拍 摄 时 间	02:35:12 May/12/2019		

63		相机机身型号	Canon EOS 6D	画面曝光时间	30s
		镜　　　头	EF8-15mm f/4L FISHEYE USM	焦　　　段	15mm
		光圈值（F）	4	感光度（ISO）	25600
		拍 摄 时 间	04:12:15 May/12/2019		

64		相机机身型号	Canon EOS 6D	画面曝光时间	15s
		镜　　　头	EF35mm f/1.4L II USM	焦　　　段	35mm
		光圈值（F）	2	感光度（ISO）	6400
		拍 摄 时 间	03:26:42 May/12/2019		

65		相机机身型号	Canon EOS 6D Mark II	画面曝光时间	1/100s
		镜　　　头	35mm F1.4 DG HSM	Art	焦　　　段	35mm
		光圈值（F）	6.3	感光度（ISO）	100
		拍 摄 时 间	20:26:38 May/27/2020		

66		相机机身型号	Canon EOS 6D Mark II	画面曝光时间	15s
		镜　　　头	35mm F1.4 DG HSM	Art 012	焦　　　段	35mm
		光圈值（F）	1.8	感光度（ISO）	5000
		拍 摄 时 间	04:26:33 May/28/2020		

67		相机机身型号	Canon EOS 6D	画面曝光时间	15s
		镜　　　头	14mm F1.8 DG HSM	Art	焦　　　段	14mm
		光圈值（F）	1.8	感光度（ISO）	12800
		拍 摄 时 间	00:11:29 Dec/14/2018		

69		相机机身型号	Canon EOS 6D	画面曝光时间	10s
		镜　　　头	14mm F1.8 DG HSM	Art	焦　　　段	14mm
		光圈值（F）	1.8	感光度（ISO）	6400
		拍 摄 时 间	22:06:14 Dec/14/2018		

70		相机机身型号	Canon EOS 6D Mark II	画面曝光时间	10s
		镜　　　头	EF35mm f/1.4L II USM	焦　　　段	35mm
		光圈值（F）	1.4	感光度（ISO）	6400
		拍　摄　时　间	03:23:16 Oct/28/2019		

71		相机机身型号	Canon EOS R	画面曝光时间	1/500s
		镜　　　头	RF85mm F1.2 L USM	焦　　　段	85mm
		光圈值（F）	16	感光度（ISO）	800
		拍　摄　时　间	08:10:03 Oct/28/2019（多张拼接）		

72		相机机身型号	Canon EOS R	画面曝光时间	1/640s
		镜　　　头	RF85mm F1.2 L USM	焦　　　段	85mm
		光圈值（F）	16	感光度（ISO）	4000
		拍　摄　时　间	07:47:03 Oct/28/2019		

73		相机机身型号	Canon EOS 6D Mark II	画面曝光时间	1/250s
		镜　　　头	EF35mm f/1.4L II USM	焦　　　段	35mm
		光圈值（F）	5.6	感光度（ISO）	320
		拍　摄　时　间	18:34:49 Oct/28/2019		

74		相机机身型号	Canon EOS R	画面曝光时间	1s
		镜　　　头	RF85mm F1.2 L USM	焦　　　段	85mm
		光圈值（F）	1.2	感光度（ISO）	12800
		拍　摄　时　间	19:33:48 Oct/28/2019		

75		相机机身型号	Canon EOS 6D	画面曝光时间	1/250s
		镜　　　头	14mm F1.8 DG HSM	Art 017	焦　　　段	14mm
		光圈值（F）	6.3	感光度（ISO）	2000
		拍　摄　时　间	18:44:50 Oct/29/2019		

76		相机机身型号	Canon EOS 6D	画面曝光时间	5s
		镜　　　头	EF200mm f/2.8L II USM	焦　　　段	200mm
		光圈值（F）	2.8	感光度（ISO）	25600
		拍　摄　时　间	23:25:55 Oct/29/2019		

77		相机机身型号	Canon EOS 6D	画面曝光时间	2s
		镜　　　头	EF200mm f/2.8L II USM	焦　　　段	200mm
		光圈值（F）	2.8	感光度（ISO）	3200
		拍　摄　时　间	07:08:55 Feb/02/2019		

78		相机机身型号	Canon EOS 6D	画面曝光时间	2.5s
		镜 头	EF200mm f/2.8L II USM	焦 段	200mm
		光圈值（F）	3.2	感光度（ISO）	6400
		拍 摄 时 间	23:29:21 Feb/03/2019		

79		相机机身型号	Canon EOS 6D	画面曝光时间	5s
		镜 头	35mm F1.4 DG HSM | Art 012	焦 段	35mm
		光圈值（F）	2	感光度（ISO）	1600
		拍 摄 时 间	21:20:59 Feb/03/2019		

80		相机机身型号	Canon EOS 6D	画面曝光时间	2s
		镜 头	EF200mm f/2.8L II USM	焦 段	200mm
		光圈值（F）	2.8	感光度（ISO）	400
		拍 摄 时 间	21:42:08 Feb/03/2019		

81		相机机身型号	Canon EOS 6D	画面曝光时间	10s
		镜 头	35mm F1.4 DG HSM | Art 012	焦 段	35mm
		光圈值（F）	2	感光度（ISO）	8000
		拍 摄 时 间	02:26:45 Mar/09/2019		

82		相机机身型号	Canon EOS 6D	画面曝光时间	2s
		镜 头	35mm F1.4 DG HSM | Art 012	焦 段	35mm
		光圈值（F）	2.8	感光度（ISO）	8000
		拍 摄 时 间	03:09:04 Mar/09/2019		

83		相机机身型号	Canon EOS 6D	画面曝光时间	15s
		镜 头	35mm F1.4 DG HSM | Art 012	焦 段	35mm
		光圈值（F）	2.8	感光度（ISO）	12800
		拍 摄 时 间	02:27:44 Mar/08/2019		

84		相机机身型号	Canon EOS 6D	画面曝光时间	13s
		镜 头	35mm F1.4 DG HSM | Art 012	焦 段	35mm
		光圈值（F）	2.8	感光度（ISO）	8000
		拍 摄 时 间	03:10:46 Mar/09/2019		

85		相机机身型号	Canon EOS 6D	画面曝光时间	30s
		镜 头	SAMYANG 12 FISHEYE	焦 段	12mm
		光圈值（F）	2.8	感光度（ISO）	5000
		拍 摄 时 间	02:28:41 Feb/26/2018		

　　　　　　星月下的守望者

86		相机机身型号	Canon EOS 6D		画面曝光时间	10s
		镜　　　头	20mm F1.4 DG HSM	Art 015	焦　　　段	20mm
		光圈值（F）	2.8		感光度（ISO）	12800
		拍　摄　时　间	03:02:40 Feb/27/2018			

87		相机机身型号	Canon EOS 6D		画面曝光时间	13s
		镜　　　头	20mm F1.4 DG HSM	Art 015	焦　　　段	20mm
		光圈值（F）	2.8		感光度（ISO）	3200
		拍　摄　时　间	03:45:47 Mar/01/2018			

88		相机机身型号	Canon EOS 6D		画面曝光时间	13s
		镜　　　头	20mm F1.4 DG HSM	Art 015	焦　　　段	20mm
		光圈值（F）	2.8		感光度（ISO）	3200
		拍　摄　时　间	03:30:14 Mar/01/2018			

89		相机机身型号	Canon EOS 6D		画面曝光时间	13s
		镜　　　头	35mm F1.4 DG HSM	Art 012	焦　　　段	35mm
		光圈值（F）	1.8		感光度（ISO）	8000
		拍　摄　时　间	22:12:39 Jul/23/2019			

90		相机机身型号	Canon EOS 6D		画面曝光时间	13s
		镜　　　头	35mm F1.4 DG HSM	Art 012	焦　　　段	35mm
		光圈值（F）	1.8		感光度（ISO）	8000
		拍　摄　时　间	22:12:39 Jul/23/2019			

91		相机机身型号	Canon EOS 6D		画面曝光时间	10s
		镜　　　头	EF85mm f/1.2L II USM		焦　　　段	85mm
		光圈值（F）	1.2		感光度（ISO）	16000
		拍　摄　时　间	19:36:42 Jul/22/2019			

92		相机机身型号	Canon EOS 6D		画面曝光时间	13s
		镜　　　头	35mm F1.4 DG HSM	Art 012	焦　　　段	35mm
		光圈值（F）	1.4		感光度（ISO）	6400
		拍　摄　时　间	04:56:35 Jul/28/2019			

93		相机机身型号	Canon EOS 6D		画面曝光时间	13s
		镜　　　头	35mm F1.4 DG HSM	Art 012	焦　　　段	35mm
		光圈值（F）	1.4		感光度（ISO）	8000
		拍　摄　时　间	01:53:53 Jul/28/2019			

94		相机机身型号	Canon EOS 6D	画面曝光时间	20s
		镜 头	20mm F1.4 DG HSM | Art 015	焦 段	20mm
		光 圈 值（F）	2.8	感光度（ISO）	1600
		拍 摄 时 间	15:28:34 Jul/11/2017		

95		相机机身型号	Canon EOS 6D	画面曝光时间	10s
		镜 头	20mm F1.4 DG HSM | Art 015	焦 段	20mm
		光 圈 值（F）	1.4	感光度（ISO）	1600
		拍 摄 时 间	15:28:54 Jul/12/2017		

96		相机机身型号	Canon EOS 6D	画面曝光时间	13s
		镜 头	20mm F1.4 DG HSM | Art 015	焦 段	20mm
		光 圈 值（F）	1.4	感光度（ISO）	1600
		拍 摄 时 间	21:37:03 Jul/14/2017		

97		相机机身型号	Canon EOS 6D	画面曝光时间	20s
		镜 头	SAMYANG 12 FISHEYE	焦 段	12mm
		光 圈 值（F）	2.8	感光度（ISO）	5000
		拍 摄 时 间	20:50:32 Jul/15/2017		

98		相机机身型号	Canon EOS 6D	画面曝光时间	10s
		镜 头	50 ART	焦 段	50mm
		光 圈 值（F）	2.8	感光度（ISO）	3200
		拍 摄 时 间	20:34:53 Jul/15/2017		

99		相机机身型号	Canon EOS 6D	画面曝光时间	15s
		镜 头	20mm F1.4 DG HSM | Art 015	焦 段	20mm
		光 圈 值（F）	2.8	感光度（ISO）	5000
		拍 摄 时 间	21:16:22 Jul/18/2017		

100		相机机身型号	Canon EOS 6D	画面曝光时间	1/8s
		镜 头	EF200mm f/2.8L II USM	焦 段	200mm
		光 圈 值（F）	2.8	感光度（ISO）	3200
		拍 摄 时 间	14:28:18 Aug/17/2018		

101		相机机身型号	Canon EOS 6D	画面曝光时间	15s
		镜 头	35mm F1.4 DG HSM | Art 012	焦 段	35mm
		光 圈 值（F）	2.8	感光度（ISO）	3200
		拍 摄 时 间	19:02:31 Aug/18/2018		

星月下的守望者

102		相机机身型号	Canon EOS 6D		画面曝光时间	15s
		镜　　　头	35mm F1.4 DG HSM | Art 012		焦　　　段	35mm
		光 圈 值（F）	2.8		感光度（ISO）	8000
		拍 摄 时 间	22:13:44 Aug/18/2018			

103		相机机身型号	Canon EOS 6D		画面曝光时间	15s
		镜　　　头	35mm F1.4 DG HSM | Art 012		焦　　　段	35mm
		光 圈 值（F）	2.8		感光度（ISO）	6400
		拍 摄 时 间	01:30:23 Aug/24/2018			

PART - Ⅲ

星月下的
思考

Deep Thought Under
The Starts And Moon

Seven Chases For
Comet NEOWISE

七追"新智"彗星

2020 年夏天，一颗名为 NEOWISE 的彗星（编号 C/2020 F3 或称为"新智"彗星）成为天文界最火热的一个目标，由于在它之前的两个具有大彗星潜质的彗星双双夭折，因此它也并未被大众看好。但黑马就是在出其不意的情况下脱缰而出的，当"新智"突然出现在夜空时，所有人都感到意外，并因它与日俱增的亮度而变得狂热起来，这其中自然也包括我。从 7 月初开始，我在十天之内从北京往返了四次内蒙古，驾车跑了几千公里的路程，拍下了很多与"新智"彗星有关的照片。

01
7 月 7 日凌晨，北京故宫西北角楼

在我以往的经历中，彗星总是很难拍的，所以一开始对于这颗逐渐热门的网红彗星并没有抱太大希望。当大家都议论北半球可以拍摄这颗彗星的时候，正好新冠

星月下的守望者

疫情也有了好转，因此我拿起久久未碰的设备，准备试一试。7月7日凌晨，我与老友闷闷儿、肉堆以及郑老师相约在筒子河，守望着景山公园后面的星空。前一夜刚下过雨，北京的空气不错，即使隔着口罩也是沁人心脾。这样的天气能见度自然不错，肉眼可见的星星比平时都多，御夫座的五车二在景山万春亭上方闪耀，按照软件预报，彗星会在它的左下方出现。当我们在晨光中清晰地拍到"新智"彗星的小尾巴时，都不敢相信自己的眼睛。虽然天很快就亮了，彗星如昙花般一现，但之后的每一天它都会越来越亮，按照目前的亮度，将来会很值得期待。

02 7月8日凌晨，北京密云望京台

第一次"新智"彗星的成功拍摄让我们都上瘾了，所以第二天我们又出门进行了一次尝试。这次去的是北京北部的山区，目的是躲开城市的灯光拍摄一些彗星的细节。当天的空气质量有所下降，天边有薄薄的雾霾，即使在怀柔和密云的山里也能感觉到地平线上方是白茫茫的一片。不过最终我们依然很轻易地拍到了目标，这也让我对这颗彗星的亮度有了新的认识。

03 彗星从望京台的山上升起

星月下的守望者

7月9—10日，内蒙古正镶白旗明安图太阳观测基地

04 日落时的彩虹

　　两次拍摄让我对"新智"彗星有了更多的想法，当时最想拍的是彗星与天文仪器的组合，因此在看好了天气之后，我和星空摄影师叶梓颐相约，前往400多公里之外的明安图太阳观测基地，同行的还有她的同事天淳。我们差不多中午出发，傍晚赶到，一下午头顶的云量都不小，在淅淅沥沥的雨中穿行着。幸运的是日落前太阳露了面，让我们遇到了美丽的彩虹和火烧云。

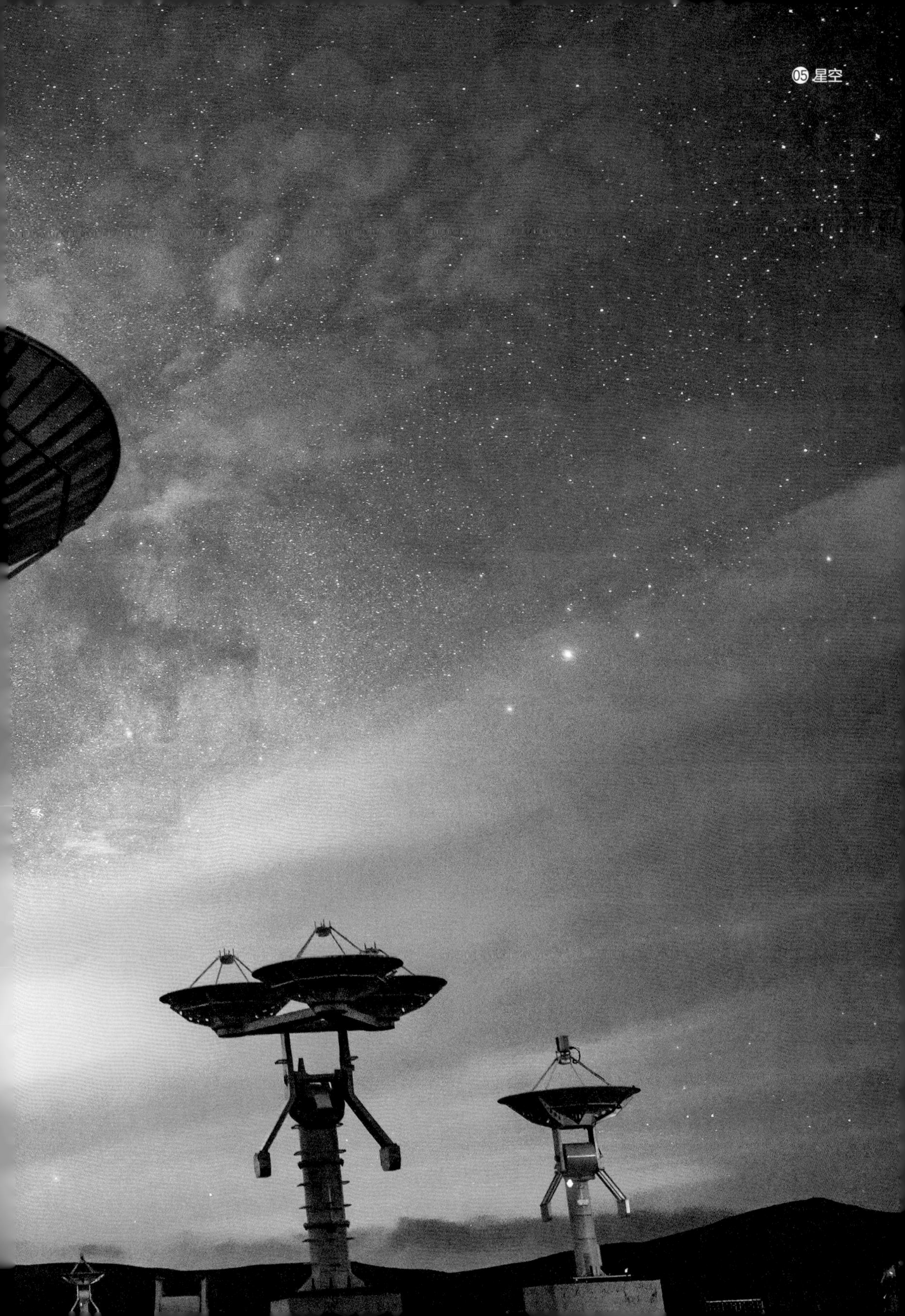

星月下的守望者

入夜后月亮在多层包裹的云里缓慢下了山，银河与我们短暂见了面，木星与土星刚刚变得耀眼，便很快就被云挡住。云图依然显示夜里会晴天，可眼前的情况让我们都很不安，因为我们看见西北方向地平线上出现了密集的闪电，而且看样子那片雨云正朝着我们的方向移动。既来之则安之，我们没有放过天上的一切变化，准备用相机把它们都记录了下来。午夜前后，雨云压到了观测基地的头顶，先是扑面而来的狂风，然后便下起了大雨。我们在下雨前的最后一刻收了相机，挪到办公楼的屋檐下继续拍闪电。

06 雷暴与天线

闪电与流星雨的拍摄方法略有不同，流星雨是高感光大光圈短曝光，但闪电比流星要亮很多，因此要收一些感光和光圈以免瞬时过曝，同时放慢快门来保证地景的清晰。当晚下了一夜雨，一直到日出时才放晴，拍摄彗星自然是失败了。但因为拍到了很多射电望远镜天线和闪电照片，因此也算不虚此行。

08 日出

前两天与叶子一起去**明安图太阳观测站追彗星**，但草原的天气却又一次跟我们开了个大大的玩笑，本来晴朗的夜空变成了火烧云、彩虹、闪电、雷暴的演出。这是我彻夜拍摄的十几个延时的集锦，以纪念这次没有彗星的彗星之夜。

星月下的守望者

04 7月13—14日
内蒙古正镶白旗明安图太阳观测基地

内蒙古的天气琢磨不定，但我还是准备再去明安图试一次。7月13日的云图不错，因此我和郑老师一起，出发拍摄心心念念的射电天线与彗星。我们下午出发，连夜来到观测基地大门外的路边，在我们几十米之外就是一台巨大的二十米射电天线。漫天的繁星让我们心情舒畅，但天线后面的低空有一点云，晴天率超过了95%。我们都捏了一把汗，这样的天气对于拍银河来说丝毫没有影响，但拍摄彗星需要极其晴朗的低空，而目前低空黑压压的一片，没有透出半颗恒星，一切都不太明朗。天亮前的两个小时里，我们终于从云缝里看见了"新智"彗星的尾巴，彗星仿佛与云层和曙光在赛跑，彗核在条纹状的云层里时隐时现，我们抓住机会拍到了预想的构图，才长吁了一口气，这次总算没有白跑一趟。

2020.7.14 **内蒙古明安图太阳观测基地彗星观测**
彗星升起的时刻，有追逐的人在远望。

05

7月14日
北京怀柔河防口长城

　　彗星运行的速度很快，因此拍摄的时机和方位也在不断变化。从第一次在角楼拍摄"新智"彗星算起已经一周了，它不断向西北移动，凌晨出现的高度越来越低，却相应地在傍晚越升越高。等到7月中旬的时候已经可以在日落后西北天边看见它了。从明安图回来的当天，也许是因为还沉浸在成功拍摄的喜悦中，我一点也不觉疲倦。便于当天傍晚又约了好友Tea-tia和她弟弟修铨，来到北京怀柔拍摄黄昏时的"新智"彗星。我们选择的地景是河防口长城，拍摄地在某个村的采摘园附近。我们在采摘园的栏杆外，用三脚架倚住栏杆，长焦镜头从栏杆缝里伸进去，瞄向远处山脊上连绵的长城。虽然有讨厌的电塔电线，虽然有从地面射向天空的光柱，但我们还是成功拍到了黄昏的彗星，它的角度更加倾斜，更适合横构图的照片。

❿ 长城上的彗星

06

7月15—16日

内蒙古赤峰乌兰布统草原

首次在黄昏的拍摄让我感觉这才是拍摄"新智"彗星最佳的时机，因此约了大家去内蒙古的乌兰布统草原。乌兰布统有世界级的星空以及完美的自然景观，我们常去的地方叫透风沟，那里草坡此起彼伏，坡上还有零星的孤树，很适合拍摄星空人像。这次我们一行六人，除了我还有民族文化宫的晓娟、供电局的大庚、北京晚报的白继开老师、外交学院的郑老师以及中行保险报的小丁，各行各业的摄影爱好者齐聚几百公里外的乌兰布统，赶到透风沟的时候太阳就要落山了。好在我们对附近的环境比较熟悉，很快便找到了满意的机位。我们选了两棵在草坡上的树，让大庚和晓娟在树下做模特，其他人把机器架在几十米外的草丛里，镜头对准他们以及远处缓缓下落的"新智"彗星。当晚前半夜没有月光，日落后很快就进入黑夜，在乌兰布统的暗夜环境下，"新智"彗星展现出我们从未见过的样子，耀眼的彗核光芒四射，长长的彗尾甩出老远，甚至在100毫米焦距的镜头里都爆了

星月下的守望者

框。唯一的遗憾是彗星临近落山的时候又被一层低空云遮住了彗核，让这次拍摄美中不足。不过彗星只是短暂沉到地平线下方几个小时，凌晨时它还会在东边再次升起，因此我们来到另一处朝东的草坡，一晚上拍了两次彗星。

⑪ 彗星与 20 米天线

⑫ 彗星与我们

浪漫的彗星之夜
2020.7.15 —16，乌兰布统
草原上浪漫的彗星之夜。

星月下的守望者

　　乌兰布统的拍摄经历有一点点遗憾，那就是没有在黄昏拍到完整的彗星，但这个遗憾两天后就被我们弥补了。临近7月下旬的时候，农历恰逢月末，锡林郭勒盟遇到了一次入夏后难得的大晴天。我们没有放过这次机会，经过千里跋涉来到乌兰察布，体验了一次难忘的拍摄经历。这次白老师与小丁各自带了家人，还有两位新朋友，以及王骏和出差归来的闷闷儿及肉堆。

⑬ 我与大彗星

我们在乌兰察布的四子王旗找到了一个偏僻的高点，紧邻着一片石头山，这里的地形也比较丰富：有距离适中的石堆来拍人像，也有那种远及天边、适合用广角拍摄的草场。老白的朋友带来了两台望远镜，并把它搬到石堆上做前景。于是我用 85 毫米的镜头拍了一组彗星、望远镜的自拍照，算是拍摄"新智"彗星以来最满意的照片。肉堆和闪闪兴奋到不行，他们自从在北京与我拍了两次彗星之后就去江南出差了，那时彗星还是长焦镜头里的小扫帚，而今中短焦镜头的画面都快要被它装满，亮度也是亮到肉眼可见。这当然不是因为彗星本身发生了变化，而是因为彗星更靠近地球、更远离曙暮光，且拍摄地的夜空环境更好的结果。

这次出行是我 7 次拍摄"新智"彗星以来最满意的一次，也是最后一次。从那之后要么天气不佳，要么月相不合，等到一切都合适的时候，"新智"也离我们远去了。据说它下次再接近地球需要等到 7000 年后，这么看来应该算是永别。10 天内几千公里的跋涉确实比较辛苦，但能与它邂逅 7 次，也算完成了一个小小的心愿。希望"新智"彗星一路平安，7000 年后与我们的后辈再次相见，也希望在我辈的生命里多一些让人如此难忘的彗星。那还真说不定，因为宇宙总给人们惊喜，让我们充满了期待。

⑭ 气辉中的彗星，离子尾清晰可见

How to Choose A
Telescope

如何选择望远镜

在我的日夜刷屏下，越来越多的大小朋友对天文产生了兴趣，为此为大家普及一下实用的望远镜购买指南。

先要搞清楚一个问题：你想看什么？我猜很多人对天文的兴趣，源自一些美丽的照片：木星上蒸腾（弥漫）的云气与大红斑，层层的土星环，姹紫嫣红的星云，等等。这里我要给你们泼一盆冷水。即使透过腰围一样粗的镜筒，土星与木星也不过大如一颗米粒，星云和星系则淡似一团薄雾，（除了极少数目标外）没有任何色彩，因为我们的瞳孔在黑暗下没有分辨颜色的能力！你看到的照片是经过后期处理（专业软件叠加与处理，不是美颜和美图秀秀）的结果，有些甚至是哈勃空间望远镜在太空中拍的。天上唯一能让你满意的估计就只剩下月球啦。

你仍然想买望远镜么？好！绝对真爱！其实如果心理预期正确，你会发现夜空虽然是一片素颜，却美得天然。宇宙广袤而真实，每一束星光都震撼心头！

进入正题。

双筒望远镜

每一个人都应该有一架顺手的双筒,这是必选项。我不认为你每次出游都会带着几十千克重的望远镜,当你在郊区意外遭遇晴朗夜空时,双筒是最好的选择,它会带你漫游天际。买双筒就看两个参数:倍率与口径。倍率我就不说了,口径嘛,越大会越明亮。你可能会说,买买买!我要一个倍率1000口径1米的双筒!可不能这样任性……

倍率越大,抖动就越明显。除非你没有呼吸没有心跳,否则就不要逞强。倍率在7~12为最佳。有些品牌含有防抖的功能,以增加手持的稳定性。但我仍不推荐高倍双筒。因为倍率与视野成反比。当你发现某个天体,想借助双筒看仔细,却透过它怎么也找不到目标时,你就懂我在说什么了。

口径,要看你的身体情况。因为口径越大,望远镜越长,体积和重量也就越大。口径20~50毫米最佳。口径除以倍率是出瞳,表示光线汇集到眼前的宽度。人的瞳孔正常直径2~3毫米,黑暗里会放大数倍。出瞳4-5毫米是比较理想的选择。

至于价格,1000元以内能买到一个很好的双筒,我的某品牌12×50记得购买时是800元左右,用了5年了,我非常满意。一分钱一分货,这在天文坑中是真理。

天文望远镜

买天文望远镜最主要看这个参数:物镜口径。物镜是一组透镜或者凹面镜抑或兼而有之,它的有效直径就是口径。这是一个硬指标。口径大,集光力强,分辨率高,成像清晰。但是价格昂贵,也不便携。入门天文爱好者用9~20厘米口径足够,价格从几百到几万不等。这取决于你的预算,以及你家的阳台或者后花园面积。望远镜口径绝对是越大越好。

除了口径,你还要留意物镜的焦距。但这好比单反相机的短、中、长段镜头,各有各的用途。广角物镜视野大,适合观测月球全貌、大星系和大星云。长焦物镜视野深邃,适合观测行星和月面陨石坑。中焦物镜在两者之间。

下面就说说如何根据焦段选择望远镜。

　　常见的是折射式望远镜。一个长筒里排着比较少的透镜，光线从一头入，另一头出。白光几经折射，最终成像边缘带有彩边。所以普通的折射镜都选择小口径长焦距，这样彩边相对不明显（即色差小）。故价格比较低廉，2000元以内就能买到。优质的折射镜装有特殊镜片和更多数量的镜片，用来减少色差。此类折射镜有一个标准叫APO，意为复消色差。通常严格的APO非常昂贵。一般使用略宽松的APO标准，价格相对可以接受，而效果也比较好。APO折射望远镜成像锐利，适合表现星云的云气。所以APO是短焦望远镜的最佳选择。我的第一台短焦望远镜是SHARPSTAR的CF90 APO。

⓯ SHARPSTAR CF 90 APO（口径 90mm，焦距 450mm，人民币约 5980 元）

⓰ 使用 CF 90 拍摄的猎户星云

还有一种望远镜是牛顿发明的。光线先穿过镜筒到达底部的一块凹面镜，然后两次反射最终回到镜口处附近的目镜。这就是牛顿反射式望远镜（简称牛反）。牛反不折射光线，没有色差，所以同样成本下口径可以做到很大。而且目镜的位置更人性化，观测时不用撅着屁股。但牛反也有问题：镜筒不封闭，用来二次反射的平面镜悬空而立，位置很尴尬，很容易跑偏。在野外进行观测摄影之前，需要调整光轴。

⓱ 信达 150 750 牛顿反射望远镜（口径 150mm，焦距 750mm，人民币约 1800 元）

星月下的守望者

⓲ 星特朗 4SE（口径 102mm，焦距 1325mm，约人民币 4850 元）

　　还有一种是经过改良的折反式望远镜。光线在镜筒里反射两次再折射一次。这种设计可以让短镜筒兼获人口径和长焦距。我的第一台长焦望远镜是星特朗的 4SE 折反式望远镜。

看过这些介绍，你是否已经晕了？没有？请继续往下看。选望远镜参数只是第一步，还需要注意下面的一些东西。死记硬背即可。

寻星镜：必选。大面积寻找天体的小型望远镜。一般是望远镜标配。

三脚架：必选。支撑望远镜的附件。一般是望远镜标配。

自动寻星功能：必备。含有庞大的数据库和星图，校准后可以带动望远镜自动转向目标天体。否则累死你也找不到。拍摄深空，选择德式赤道仪或者艾顿赤道仪。跟踪精确。目视或拍摄月球和行星，选择经纬仪。便于携带。

阳台党们推荐星特朗的经纬仪，因为他家的 GOTO 比较成熟，而且使用人很多，碰到使用问题容易找人请教。

外接电源（可选）：推荐星特朗的 Power Tank。

目镜组：必选。望远镜一般只配一个。推荐 25mm、12.5mm 和 6mm 三种目镜。望远镜理论放大倍率等于物镜焦距 / 目镜焦距。具体多少需要自己算。

巴洛镜（可选）：用来继续放大的透镜。

赤道仪（必选）：用来寻找、跟踪天体。

直焦延长筒（必选）：用来代替目镜连接单反相机。

单反相机转接环（必选）：连接延长筒和单反相机（注意相机不同卡口也不同）。

单反相机遥控器或者快门线（必选）：没有这个你只好用定时器，否则拍不出清晰的照片。

最后要注意的是：便携性。望远镜、赤道仪和三脚架加在一起，少说也有几十斤。不要一冲动买个巨大巨沉的望远镜，结果挪一寸都费劲，更别提带出去秀了。

望远镜推荐品牌：高桥、米德、星特朗、信达、艾顿、锐星、裕众。

入门天文爱好者的器材可以选购 8*42 或 10*42 屋脊 ED 双筒望远镜（或 7*50 或 10*50 保罗双筒望远镜），加一支 6 到 8 公分的两片 ED 折射望远镜（或者三片 APO 折射望远镜）。

祝你入坑愉快。

相机拍摄专业数据说明

Technical Data Of Shooting

* 仅摄影作品有参数

1	相机机身型号	Canon EOS 6D Mark II	画面曝光时间	5s
	镜　　头	EF85mm f/1.2L II USM	焦　　段	85mm
	光圈值（F）	1.2	感光度（ISO）	6400
	拍 摄 时 间	22:57:13 Jul/18/2020		

2	相机机身型号	Canon EOS 6D Mark II	画面曝光时间	1s
	镜　　头	EF200mm f/2.8L II USM	焦　　段	200mm
	光圈值（F）	4	感光度（ISO）	800
	拍 摄 时 间	03:52:12 Jul/07/2020		

3	相机机身型号	Canon EOS 6D Mark II	画面曝光时间	1s
	镜　　头	SIGMA 300mm MACRO APO	焦　　段	300mm
	光圈值（F）	2.8	感光度（ISO）	5000
	拍 摄 时 间	03:36:21 Jul/08/2020		

4	相机机身型号	Canon EOS 6D Mark II	画面曝光时间	1/200s
	镜　　头	EF100-400mm f/4.5-5.6L IS II USM	焦　　段	100mm
	光圈值（F）	20	感光度（ISO）	3200
	拍 摄 时 间	19:48:12 Jul/09/2020		

5	相机机身型号	Canon EOS 6D Mark II	画面曝光时间	10s
	镜　　头	35mm F1.4 DG HSM	Art 012	焦　　段	35mm
	光圈值（F）	2	感光度（ISO）	3200
	拍 摄 时 间	23:05:16 Jul/09/2020		

6	相机机身型号	Canon EOS 6D	画面曝光时间	3.2s
	镜　　头	EF200mm f/2.8L II USM	焦　　段	200mm
	光圈值（F）	4	感光度（ISO）	6400
	拍 摄 时 间	01:49:09 Jul/10/2020		

7	相机机身型号	Canon EOS 6D	画面曝光时间	10s
	镜　　头	35mm F1.4 DG HSM	Art 012	焦　　段	35mm
	光圈值（F）	6.3	感光度（ISO）	400
	拍 摄 时 间	03:30:00 Jul/10/2020		

星月下的守望者

8		相机机身型号	Canon EOS 6D	画面曝光时间	1/320s
		镜　　头	35mm F1.4 DG HSM | Art 012	焦　　段	35mm
		光圈值（F）	7.1	感光度（ISO）	6400
		拍 摄 时 间	05:05:00 Jul/10/2020		

9		相机机身型号	Canon EOS 6D Mark II	画面曝光时间	6s
		镜　　头	EF100mm f/2.8L Macro IS USM	焦　　段	100mm
		光圈值（F）	2.8	感光度（ISO）	10000
		拍 摄 时 间	03:01:40 Jul/14/2020		

10		相机机身型号	Canon EOS 6D Mark II	画面曝光时间	2.5s
		镜　　头	EF200mm f/2.8L II USM	焦　　段	200mm
		光圈值（F）	2.8	感光度（ISO）	5000
		拍 摄 时 间	21:15:45 Jul/14/2020		

11		相机机身型号	Canon EOS 6D	画面曝光时间	10s
		镜　　头	35mm F1.4 DG HSM | Art 012	焦　　段	35mm
		光圈值（F）	1.8	感光度（ISO）	3200
		拍 摄 时 间	03:12:09 Jul/16/2020		

12		相机机身型号	Canon EOS 6D	画面曝光时间	2s
		镜　　头	EF100mm f/2.8L Macro IS USM	焦　　段	100mm
		光圈值（F）	2.8	感光度（ISO）	6400
		拍 摄 时 间	21:23:53 Jul/15/2020		

13		相机机身型号	Canon EOS 6D Mark II	画面曝光时间	5s
		镜　　头	EF85mm f/1.2L II USM	焦　　段	85mm
		光圈值（F）	1.2	感光度（ISO）	6400
		拍 摄 时 间	22:57:13 Jul/18/2020		

14		相机机身型号	Canon EOS 6D Mark II	画面曝光时间	10s
		镜　　头	35mm F1.4 DG HSM | Art 012	焦　　段	35mm
		光圈值（F）	1.4	感光度（ISO）	6400
		拍 摄 时 间	23:17:06 Jul/18/2020		

The
Postscript

后记（一）

第一次写后记，请多担待。毕竟我之前从未给书写过后记，看过的小说后记也无非是作者感谢家人给予的支持和灵感，没有什么参考性。因而这篇后记我是修修改改，删删减减，着实不太容易。

我爸写这本书也一样。在我的概念里他一直是个急性子，毕竟是东北黑土地养出来的人，做事向来注重过程注重结果，定下了主意当时就要去做，跟我一块儿下个五子棋都恨不得要提前把后五着都推演出来。

但这次的书却不是。

记得他最开始动笔时我还在念小学六年级，他成天把自己关在小屋里，废寝忘食、不分昼夜地写，还曾经因为不出来吃晚饭惹恼过我妈。

没想到，这书要出版时我已经初一了。

　　　　　　　星月下的守望者

　　每次他"闭关"结束后出来，往往都是写完了一章，要来举着电脑讲给我和我妈听，虽说我们娘俩对天文实在是八窍通了七窍的水平，可听他摇头晃脑地念那些拍星趣事，脑海里却也有这么一个背着三脚架的胖大叔身影跃然于眼前。

　　只是不知道你会在这本书中看到什么——可能也像我一样被那些生动的画面迷住了吧，毕竟它们的确是非常有趣；又或许会感受到我爸对拍星的热爱，毕竟昼夜颠倒的作息实在需要强烈的兴趣。当然，一些调试设备的小窍门，我是看不太懂的。

　　无论如何，感谢你购买这本书，并认真阅读到这里。

　　感谢每一位星空下的守望者。

李家琪

2020 年 11 月 9 日 于北京

The
Postscript
后记（二）

2020年的新春，居家的日子里，我放下相机，休养生息、沉淀思绪，整理这些年拍过的日月与星辰。

打开电脑，几百个文件夹记录了我的每一次拍摄，仅是浏览它们的标题，我就能清楚回忆起每次出行的点点滴滴。这些回忆中，既有第一次拍到银河的喜悦，第一次目睹流星雨的激动，也有第一次独自夜行于荒山野岭间时的忐忑却又兴奋之情，每个故事都耐人寻味。

星空摄影是一件既刺激又辛苦的事，能有幸成为一名星空摄影师，这要感谢我的家人，你们的理解与支持是我最有力的后盾。

另外我很幸运身边有一群志同道合的伙伴，是你们与我一同跋山涉水、披星戴月，与我一同在星空下守望，你们也是这些故事的主角。

星月下的守望者

还要感谢文瑶，是你一直以来对我的鼓励和帮助，让我如愿以偿，得以把这些经历分享给大家。没有你和 D·A 老师的辛勤付出，这本书就不会诞生。

　　更要感谢朱馆长，感谢您百忙之中为我作序推荐，正如您多年前给予我的帮助，对那时刚刚爱好天文摄影的我来说，十分重要。

　　最后要感谢每一位读者，谢谢你们用这种方式来支持我，与我一起"守望"夜空。也希望我的每一段文字、每一张图片，能在这个不寻常的时期给你带来一点温暖和舒畅。

公爵

2020 年 11 月 9 日　于北京

图书在版编目（CIP）数据

星月下的守望者 / 雪夜公爵著. -- 长沙 ： 湖南科学技术
出版社，2021.1

　　ISBN 978-7-5710-0884-0

　　Ⅰ．①星… Ⅱ．①雪… Ⅲ．①天文摄影－普及读物Ⅳ.
①P123.1-49

中国版本图书馆CIP数据核字(2020)第249276号

XINGYUEXIA DE SHOUWANGZHE

星月下的守望者

著　　者：雪夜公爵
责任编辑：李文瑶
出版发行：湖南科学技术出版社
社　　址：长沙市湘雅路276号
网　　址：http://www.hnstp.com
湖南科学技术出版社天猫旗舰店网址：
　　　　　http://hnkjcbs.tmall.com
邮购联系：本社直销科 0731-84375808
印　　刷：雅昌文化(集团)有限公司
　　　　（印装质量问题请直接与本厂联系）
厂　　址：深圳市南山区深云路19号
邮　　编：518503
版　　次：2020年12月第1版
印　　次：2020年12月第1次印刷
开　　本：710mm×1010mm　1/16
印　　张：21.75
字　　数：150千字
书　　号：ISBN 978-7-5710-0884-0
定　　价：138.00元